辣媽 Shania 家庭小烤箱簡易烘焙

阿拉丁 **0.2** 秒瞬熱烤箱

｛辣媽快速早餐＋烘焙｝

Bakery

30 款麵包
9 種外酥內軟的美味烤吐司
6 道快速早餐料理

Shania
Bakery
2019

作者 辣媽 Shania（郭雅芸）

PART 3 快速晨烤麵包

PART　4 早餐快速料理

每個人的家裡，
都應該要有一台小烤箱！

我自己家裡已經有一台麵包專業烤箱，也有一台微波爐，為什麼還要買個小烤箱呢？

因為那些大烤箱：一、預熱時間太久了！二、烤不出外酥內軟的吐司啊！

只是這樣的小烤箱，價格比想像中貴，到底該不該買？

後來秉持著好奇心，還有研究的精神，我決定購入了！

買回家之後，也用了一陣子，我的感想是——早就應該買了！

阿拉丁烤箱真的太實用了！

烤出五星級的吐司

我常在家自己做吐司，常常放到第二天，覺得麵包變乾，就不想再吃了。自從有了阿拉丁之後，短短 2 ～ 3 分鐘，阿拉丁烤箱瞬間加熱，就可以讓吐司變得外酥內軟。自此之後，真的不用再擔心吐司變乾硬了！

不只是回烤吐司

會開始接觸阿拉丁烤箱，那時候我剛好出版了《辣媽的快速晨烤麵包》，早晨現烤麵

包的重點，就是要快速，才來得及孩子上學，看上阿拉丁烤箱不需要預熱的特點，就躍躍欲試。

沒想到這麼小的烤箱，竟然可以輕鬆又快速的把冷凍麵糰烤熟，而且好好吃啊！

阿拉丁真的令人太驚豔了！漂亮又好好用！

也因為這樣，我愈來愈常使用它，也跟我的粉絲朋友們介紹，有跟著我一起購買的朋友，買回家之後，會回過頭來跟我分享，他們放在家裡很賞心悅目，而且真的好好用。

不知不覺，跟大家分享阿拉丁的食譜已經有好一些，剛好因緣際會，感謝可易家電讓我有機會出版一本阿拉丁烤箱專屬食譜，真的覺得很開心，也希望有這台烤箱的朋友們，可以藉由這本食譜，讓這台烤箱在家裡發揮更大的功用！

溫度
180 200
160 220
140 240

Sengoku Aladdin

Bakery

PART 1

概述

阿拉丁烤箱介紹

日本「Sengoku Aladdin 千石阿拉丁」復古多用途烤箱介紹

不需要預熱的烤箱

如果,每天早晨起床,第一件事,不是預熱烤箱,而是直接將晨烤麵包放入烤箱,然後再繼續後面的事情,那麼每天早晨就可以多出 10 分鐘,也不用一邊叫小孩一邊擔心麵包烤焦了。日本「Sengoku Aladdin 千石阿拉丁」復古多用途烤箱,就是一款可以直接烤麵包,不需預熱的小烤箱,真的是我早晨的好幫手,讓我的早晨不再那麼匆忙急躁。

為什麼阿拉丁烤箱不需預熱,就可快速升溫來烤麵包呢?主要是因為阿拉丁烤箱,使用遠紅外石墨專利技術,熱傳導率是鐵的 10 倍,碳的 1.2 倍,所以只需0.2 秒,就能加熱到位,烘烤出外酥內軟的美味吐司。2015 年在日本上市,就造成轟動,至今已銷售突破 70 萬台。

外型太可愛了

此外,阿拉丁烤箱,外型很復古漂亮,目前台灣一共有四個顏色,黑色、白色、綠色與粉色,都非常的美,放在廚房很賞心悅目。

吐司外酥內軟的祕密

或許有朋友會問,為什麼阿拉丁烤箱,烤出來的吐司,外部特別酥脆,內部卻保持柔軟濕潤呢?主要是因為短時間的高溫燒烤烹調方式,快速的讓吐司外部酥脆,卻不流失過多的水分,所以能保持內部柔軟。這樣的快速、不需預熱的烘烤方式,非常適合忙碌早晨裡,快速回烤吐司,或者烘烤我的冷凍晨烤麵包。它省下早晨預熱烤箱的時間,讓媽媽們更從容或多睡一些時間喔。

小烤箱容量不小

阿拉丁烤箱，雖然我都叫它小烤箱，但實際上，它一次可以烤四片吐司，或者一次可以烤 4 ～ 5 個晨烤麵包喔，容量也不小。而且它操作非常簡單，只有兩個轉鈕，一個是溫度轉鈕，一個是烘烤時間的轉鈕。而且它的最高溫設定，比其他小烤箱更高溫，到 280 度 C，除了烤麵包、餅乾、點心外，也可用來烹調食物。另外，它有附贈專用的一組圓形烤盤與 1 個網架，實現燒、烤、蒸等多種料理方式，用途非常廣。將阿拉丁烤箱的特色，整理如下：

（1）快速晨烤麵包神器

快速解決早餐問題！烤箱「完全不需要預熱」，可以省去 10 ～ 20 分時間，輕鬆享受現烤麵包的美味！烤 Pizza 只需

要 6 ～ 8 分鐘，烤小餐包約 10 ～ 12 分鐘。體積小，不占空間，但容量並不小喔！一次烘烤 4 ～ 6 個麵包（看麵包大小）！

（2）料理神器

有了專屬烤盤加持，無論是好吃的五花肉、雞腿、法式吐司、蒸烤布丁都可以輕鬆完成！（請參考本書的食譜）

（3）食物回春神器 （請參考本書食譜）

一次可回烤四片吐司，是小烤箱中容量算大的！瞬間加熱可以讓吐司外酥內軟喔！也可以回烤薯條，快速加熱，讓已經變軟爛的薯條快速恢復酥脆好吃！

家中廚房有了這樣省時又漂亮的烤箱，真的是如虎添翼，讓料理／烘焙更多樣化，非常推薦給大家。

Shania Bakery 2019 晨烤麵包流程

為了讓媽媽們可以快速完成麵包，早點休息，我建議分段進行製作晨烤麵包：

前一天晚上

07:40pm ～ 8:00pm	開始打麵糰
09:00pm	分割，休息 10 分鐘
09:10pm	開始整形
09:20pm	開始第二次發酵
10:10pm	第二次發酵完成，在麵糰上噴水，輕輕蓋上保鮮膜，直接入冷凍庫，就可以去休息睡覺囉！

隔天早上

06:30am	預熱烤箱（預熱時間約 15 ～ 30 分鐘不等），從冷凍庫取出麵糰，將麵糰放在烤盤上，如果是阿拉丁烤箱，則省去預熱。
06:40am	烤箱預熱完成，開始烘烤！
07:00am	在此之前就已烘烤完成！！

使用材料

以下就來簡單介紹，製作晨烤麵包時，會使用到最基本的材料：

⊙ 麵粉

高筋麵粉

本書的麵包大多使用高筋麵粉，筋性足夠，才能做出有嚼勁的麵包。

低筋麵粉

低筋麵粉的筋性最低。這本書裡面的低筋麵粉有兩個用途，一個是添加在麵包裡面，讓麵包口感更加柔軟。另一個是用來製作菠蘿皮成品剛烤完會酥脆，隔天會變得稍微鬆軟的口感。

法國粉

用於製作法國麵包的專用粉，也會添加在麵包麵糰裡面，讓麵糰變得更柔軟。

⊙ 可可粉

食譜裡面所使用的可可粉都為無糖可可粉，一樣是可可粉有顏色深淺之分，風味也會不同 。

⊙ 抹茶粉

請使用烘焙專用的無糖抹茶粉（如森半的無糖抹茶粉），一般沖泡用的綠茶粉因為不耐高溫，烘烤之後顏色會變。

⊙ 速發酵母

本書使用一般速發酵母，速發酵母使用非常的方便，使用量少，也可以迅速的溶於水並發酵，有些乾燥酵母必須先與水分混合均勻才能使用。但是速發酵母並沒有這樣的問題。
製作晨烤麵包的時候，因為麵糰需要冷凍，並不建議使用濕性酵母。

⊙ 奶粉

用於增添風味，讓烤色更美。一般市售的成人奶粉，於烘焙材料行購買可以買到小包裝。

⊙ 鹽巴

可以抑制麵糰過度發酵，也可以提味，增加麵糰彈性。

⊙糖類

砂糖→一般吐司，建議使用細砂來製作。
糖粉→質地顆粒更細緻。用來製作奶酥
餡料以及波蘿皮的時候使用。

⊙水

夏天建議使用冰水，冬天則使用常溫水
即可。

⊙鮮奶

一般市售鮮奶即可。

⊙鮮奶油

使用的是動物性鮮奶油。

⊙雞蛋

雞蛋可以用來取代部分的水分，是天然
的乳化劑，可以讓麵包更加柔軟。用於
波蘿皮，則可以讓皮有蛋香味，口感也
比較鬆酥。

⊙油脂

液態油：常用的橄欖油、玄米油、葵花油、
沙拉油都可以。
奶油：本書食譜中如果沒有特別強調是有
鹽奶油，其他都是發酵無鹽奶油。使用前
請先放於室溫軟化。

⊙奶油乳酪（cream cheese）

奶油乳酪最常被用來作起司蛋糕，本書中
是用來作為麵包的內餡或是放在麵糰裡面
取代奶油。

⊙耐烤巧克力豆

在烘焙材料行購買，通常都放在冷藏，烘
烤之後若稍微融化是正常現象。

⊙鹽麴

是一種日本常用的調味料。是由米麴與鹽
發酵熟成的，鹽麴的鹹度較低、味道比較
溫和，非常適合用於醃漬肉類，可以讓肉
質更軟嫩，也能讓食物味道更有層次。

常見問題

Q：用阿拉丁烤箱烤麵包，很容易烤焦怎麼辦？

書中的晨烤麵包在烘烤時，建議大家在烘烤約 6 分鐘之後，如果看到麵糰已經明顯上色，可以用錫箔紙蓋在上方，之後繼續烘烤到時間結束。

Q：烤箱附贈的烤盤，用來料理的時候，殘留烤乾的醬汁，該怎麼清洗？

建議用溫水浸泡約 30 分鐘，軟化之後就很好清洗。但建議下次烘烤時候，可以在底部鋪上一層錫箔紙，這樣可以減去清洗的麻煩！

Q：晨烤麵包不需要解凍再烤嗎？

不需要喔！可以從冷凍庫拿出來之後，直接入阿拉丁烤箱烘烤。

Q：冷凍庫放不下麵糰時，怎麼辦？

冷凍庫放不下麵糰時，可以再一次發酵，整形之後，放到比較小的烤盤上，方便放入冷凍庫的大小。發酵好之後，可以暫時將部分冷凍庫的食物放到冷藏，空出空間給麵糰。麵糰冷凍約 30 ～ 60 分鐘就會硬了，就可以裝到夾鏈袋，之後再將食物移回冷凍庫。

Q：冷凍麵糰怎麼保存？

二次發酵好之後，輕輕蓋上保鮮膜入冰箱，約 1 小時後麵糰硬了，就可以裝入夾鏈袋裡面，以便節省冰箱寶貴的空間。

如果超過 24 小時沒烤，就一定要先放在夾鏈袋喔。因為保鮮膜只是大致覆蓋，冰久了麵糰會變乾，這樣烘烤過後 會嚴重影響麵包品質喔！

Q：為什麼常看到書上寫「冷凍麵糰盡量三天內要烘烤」？

因為冷凍之後，酵母不耐如此低溫會漸漸死亡，如果冷凍太久，酵母數量大大銳減之後，烘烤過後麵包膨脹會有限，吃起來就不蓬鬆。體積有點厚度的麵糰我建議三天內烤完，如果是比較扁平的

麵包，我建議五天內要烘烤喔。3～5天都是比較保守的預估，如果大家對於麵糰烘烤完之後的體積沒有要求太多，也可以試試看再多放幾天烘烤也沒關係。

Q：冷凍時，麵糰為什麼消風了？

麵糰冷凍後，會稍微萎縮是正常的喔！烘烤之後會再度蓬回來。如果烘烤之後沒有蓬回來，那有可能是蓋上保鮮膜時候，太過用力不小心把麵糰壓扁，或是放到冷凍庫的時候，不小心壓到麵糰了。也有可能是最後發酵階段，過度發酵，冷凍過後麵包坍塌。

Q：想直接吃的話，是否可不冷凍，直接烘烤？

可以，但烘烤時間可能要縮短一些，溫度也需要降低。

例如阿拉丁烤箱溫度需比食譜建議的再低 10～20 度不等，時間也須縮短 2～3 分鐘不等。其他烤箱也是類似方式調整。

Q：請問，麵糰是否可以放冷藏，不放冷凍？

我們不建議這樣做，因為各家冰箱冷藏室的溫度不同，麵糰發酵狀況會不同，不確定性會比較高。

Q：若晨烤麵包不夠吃，想做食譜的兩倍量，比例需如何調整？

可以將食譜上的所有麵糰材料，同等量增加兩倍。如果您想做三倍量的麵包，請將所有麵糰材料，同等量增加三倍。

Q：請問，冷凍庫是指雪櫃還是冰格？

台灣所稱的冷凍庫，就是英文的 freezer，香港朋友還請對照英文。

Q：請問，是否可以OO取代水，黑糖取代砂糖……

食譜都是作者試過的配方，包含烤箱的烤溫都考量在內。如果要替換材料，請大家自行斟酌麵糰狀態，還有烘烤溫度也要自行調整。

Q：阿拉丁烤箱可以用一般烘焙紙嗎？

用阿拉丁烤箱烘烤麵包，溫度大多高於 200 度。我們的經驗是，用一般烘焙紙較危險，建議一定要用耐高溫的烘焙布。而烘焙布，可以在烘焙材料行購買。

Sengoku Aladdin

Bakery

PART 2

美味現烤吐司

烤出外酥內軟的吐司：

簡單白吐司
這樣烤

INGREDIENTS

吐司（約1cm厚）　　　　　一片（A）

吐司（約1.5～2cm厚）一片（B）

🏛 千石阿拉丁烤箱

| 溫度 | 250 度
| 時間 | 約 2～3 分鐘

— *Sengaku Aladdin* ✎

· 配件：兩用烤盤／圓形烤盤

市面一般烤箱

| 溫度 | 220 度
| 時間 | 5～8 分鐘

1. （A）250 度，烘烤約 2 分鐘，可以烘烤到表面酥酥的 。

2. （B）230 度，烘烤約 2 ～ 3 分鐘，剛好可以外酥內軟 ②。

Shania
Bakery
Notes

不同厚度的吐司，所需要的烘烤溫度與時間並不相同，原則上是：

⊙愈薄的吐司，建議的烘烤溫度愈高，時間愈短。

⊙愈厚的吐司，建議的烘烤溫度可以稍微低一點，時間稍微拉長。

這裡示範的吐司，是從冰箱冷藏取出的吐司，所需要的烘烤時間與溫度。

如果從冷凍庫取出的吐司，烘烤時間建議延長約 1 分鐘，若常溫保存的吐司，烘烤時間可能會稍微縮短一點點。

⊙其他會影響吐司烘烤的品質：

・自己切的吐司，有時候會因為切的不平整，高度比較高的部分，會比較容易上色。

・如果烘烤布里歐吐司（注），烘烤溫度建議降低 10 度左右。

・同時烘烤的吐司片數愈多，烘烤時間會愈長。

（注）布里歐，法文 Brioche 音譯。將奶油加入麵包製作而得名。

濃郁白醬
牽絲吐司

千石阿拉丁烤箱

| 溫度 | 250 度
| 時間 | 約 3 ～ 4 分鐘

Sengoku Aladdin

・配件：兩用烤盤 / 圓形烤盤

市面一般烤箱

| 溫度 | 230 度
| 時間 | 10 ～ 12 分鐘

INGREDIENTS

厚片吐司（約 1.5cm 厚）	3 ～ 4 片
懶人白醬	適量（請參考 P. 134）
乳酪絲	適量
巴西里葉	適量

1. 將吐司稍微往下壓 ，多壓出一點空間可以盛裝白醬。

2. 放入白醬 ②，撒上乳酪絲 ③。

3. 250 度約 3～4 分鐘，起司上色即可。

4. 撒上巴西里葉裝飾！

Shania
Bakery
Notes

烤好之後，也可以撒適量黑
胡椒，味道會更有層次。

GOOD
MORNING

布丁吐司

INGREDIENTS

厚片吐司兩片　　　切塊

蛋汁：

牛奶	150g
雞蛋	一顆
砂糖	15g
糖粉	酌量

🔥 千石阿拉丁烤箱

| 溫度 | 190 度 |
| 時間 | 約 10 ～ 12 分鐘 |

Sengoku Aladdin

· 配件：兩用烤盤 / 圓形烤盤

市面一般烤箱

| 溫度 | 210 度 |
| 時間 | 12 ～ 15 分鐘 |

1. 將蛋汁材料混合均勻，把每片吐司切塊。

2. 將吐司塊沾上適量蛋液之後，放在烤盤上 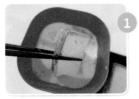。

3. 剩餘蛋汁淋在烤盤上的吐司塊 。

4. 190 度烤約 10 ～ 12 分鐘之後，確定烤盤裡面蛋汁略熟了就可以。

5. 出爐之後撒上糖粉或是用其他水果擺飾會更美！

GOOD
MORNING

奶油酥條

INGREDIENTS

吐司條（約 1.5cm 厚） 切塊

奶油　　　　　　　適量

砂糖　　　　　　　適量

千石阿拉丁烤箱

| 溫度 | 170 度
| 時間 | 約 6 ～ 8 分鐘

Sengoku Aladdin

· 配件：兩用烤盤 / 圓形烤盤

市面一般烤箱

| 溫度 | 190 度
| 時間 | 10 ～ 15 分鐘

1. 將冰箱剩餘的吐司切片,切成條狀 。

2. 將已軟化的奶油刷在吐司四周 。

3. 沾上適量砂糖 ,放在已經鋪好錫箔紙的烤盤上 。

4. 170度烤約3～4分鐘翻面 ,再烤3～4分鐘,直到吐司酥脆為止!

Shania Bakery Notes

⊙塗上奶油的吐司條,建議用低溫(如170度)慢烤,不建議超過200度!

烤奶酥吐司

🍞 千石阿拉丁烤箱

| 溫度 | 230 度
| 時間 | 約 3 ~ 4 分鐘

— Sengoku Aladdin ✎

· 配件：兩用烤盤 / 圓形烤盤

市面一般烤箱

| 溫度 | 210 度
| 時間 | 10 ~ 12 分鐘

■ ■ ■ ■

INGREDIENTS

| 厚片吐司（約 1.5cm 厚）　　　　一片

| 自製香濃奶酥片　一片（作法參見 P. 136）

| 杏仁片　　　　　　適量（可省略）

1. 取一個奶酥片 ，撕開保鮮膜之後 ，放到吐司上。

2. 放上適量的杏仁片 ，230度約3～4分鐘，或是以奶酥上色為主！

Shania
Bakery
Notes

⊙奶酥比較容易烤焦，若擔心烤焦，溫度可以再低一點。

GOOD MORNING

Pizza 吐司

INGREDIENTS

吐司（約 1.5cm 厚）　　隨意

紅醬　　適量（詳見 P. 130）

乳酪絲　　　　　　適量

🏮 千石阿拉丁烤箱

| 溫度 | 240 度
| 時間 | 約 3 ～ 4 分鐘

— *Sengoku Aladdin* ✏

· 配件：兩用烤盤／圓形烤盤

市面一般烤箱

| 溫度 | 230 度
| 時間 | 8 ～ 10 分鐘

1. 吐司塗上紅醬 。

2. 撒上乳酪絲 ②。

3. 240 度烤約 3 ～ 4 分鐘，直到乳酪絲上色為止！

Shania Bakery Notes

⊙簡單的紅醬與乳酪絲已經可以讓吐司變得超好吃，也可以另外加火腿、鳳梨等等餡料，讓吐司更豐富。

GOOD MORNING

懶人菠蘿吐司

🍵 千石阿拉丁烤箱

| 溫度 | 200 度～ 240 度 |
| 時間 | 約 4 ～ 5 分鐘 |

— Sengoku Aladdin ✎

· 配件：兩用烤盤 / 圓形烤盤

市面一般烤箱

| 溫度 | 200 度 |
| 時間 | 約 10 ～ 12 分鐘 |

INGREDIENTS

菠蘿吐司（適用厚片吐司 11×11×2.5cm）	
厚片吐司	一片
原味菠蘿皮	一片（作法參見 P. 140）
蛋液	適量

1. 從冷凍庫取出菠蘿皮 ，剛開始會稍微硬一點，建議先蓋在吐司上，只要幾分鐘就軟了。

2. 刮板沾上適量麵粉 ，在菠蘿皮上畫出紋路 ，可以用手稍微摺一下吐司，讓紋路呈現稍微裂痕。

3. 刷上適量蛋液 ，直接入阿拉丁烤箱 240 度 2 分鐘，再調降至 200 度 2～3 分鐘，上色就可以了！

Shania
Bakery
Notes

⊙如果吐司高度不一樣，烤溫會有所調整，原則上愈厚的吐司，溫度要愈低。

⊙書中示範的是一片吐司的溫度，如果多於一片，需要的烘烤時間會長一點！

GOOD MORNING

濃郁巧克力
菠蘿吐司

🔥 千石阿拉丁烤箱

| 溫度 | 200 度～ 240 度
| 時間 | 約 4 ～ 5 分鐘

— Sengoku Aladdin ✎

· 配件：兩用烤盤 / 圓形烤盤

市面一般烤箱

| 溫度 | 200 度
| 時間 | 約 10 ～ 12 分鐘

⬤ ⬤ ◼

菠蘿吐司 （適用厚片吐司 11×11×2.5cm）	
厚片吐司	一片
巧克力菠蘿皮	一片（作法參見 P. 140）
砂糖	適量
巧克力豆	適量

1. 吐司放上適量的巧克力豆 **1** 。

2. 從冷凍庫取出菠蘿皮，剛開始稍微硬一點，菠蘿皮沾上適量砂糖，蓋在吐司上，只要幾分鐘就軟了。

3. 在菠蘿皮上畫出紋路，可以用手稍微摺一下吐司，讓紋路可以呈現稍微裂痕。

4. 入阿拉丁烤箱 240 度 2 分鐘，再調降至 200 度 2 ～ 3 分鐘，表面酥脆即可！

Shania
Bakery
Notes

⊙如果吐司高度不一樣，烤溫會有所調整，原則上愈厚的吐司，溫度要愈低。

⊙書內示範的是一片吐司的溫度，如果多於一片，需要的烘烤時間會長一點！

GOOD MORNING

特濃抹茶
白巧克力吐司

千石阿拉丁烤箱

| 溫度 | 200 度～ 240 度 |
| 時間 | 約 4 ～ 5 分鐘 |

— Sengoku Aladdin ✎

· 配件：兩用烤盤 / 圓形烤盤

市面一般烤箱

| 溫度 | 200 度 |
| 時間 | 約 10 ～ 12 分鐘 |

INGREDIENTS

菠蘿吐司（適用厚片吐司 11×11×2.5cm）	
厚片吐司	一片
抹茶菠蘿皮	一片（作法參見 P. 140）
白巧克力	30g
抹茶粉	1.5g

1. 白巧克力與抹茶粉一起隔水加熱到融化 ，成為抹茶白巧克力。

2. 塗抹適量步驟 1 的抹茶白巧克力在吐司上 。

3. 從冷凍庫取出菠蘿皮，稍微軟一點點時，用刮板畫出紋路 。

4. 菠蘿皮放到吐司上 ，可以用手稍微摺一下吐司，讓紋路可以呈現稍微裂痕。

5. 入阿拉丁烤箱 240 度 2 分鐘，再調降至 200 度 2 ～ 3 分鐘，表面酥脆即可！

⊙如果吐司高度不一樣，烤溫會有所調整，原則上愈厚的吐司，溫度要愈低。

⊙本書示範的是一片吐司的溫度，如果多於一片，需要的烘烤時間會長一點！

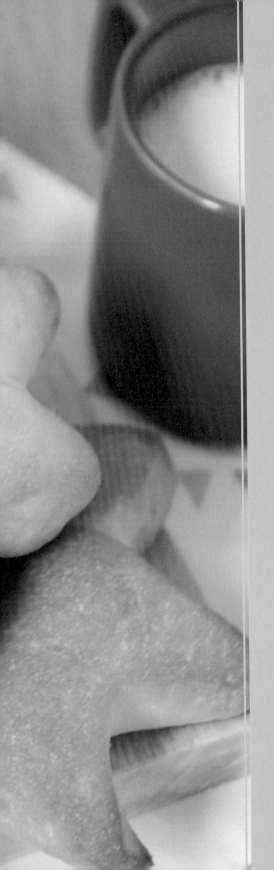

Sengoku Aladdin

Bakery
PART 3

快速晨烤麵包

花圈麵包

千石阿拉丁烤箱

| 溫度 | 200 度
| 時間 | 約 12 ～ 13 分鐘

— Sengoku Aladdin ✎

· 配件：兩用烤盤 / 圓形烤盤

市面一般烤箱

| 溫度 | 210 度
| 時間 | 14 ～ 15 分鐘

INGREDIENTS

麵糰材料：

高筋麵粉	200g
鮮奶（或豆漿）	77g
冰水	55g
砂糖	20g
酵母	2g
鹽巴	2g
奶油	20g
鮮奶	少許

1. 放入麵包機，啟動「麵包麵糰」模式（已經包含揉麵＋一次發酵 60 分鐘）。

   如果是用攪拌器，這量對大多攪拌器來說都算少，建議做兩倍的量會比較好打。

   方法一樣除了奶油之外其他麵糰材料投入，慢速 3 分鐘，轉中速 2 分鐘之後放入奶油，慢速 2 分鐘，中速 5 ～ 7 分鐘（每一台機器不同，但重點要打出薄膜），之後放到室溫 28 度地方發酵 60 分鐘。

2. 取出麵糰，分割成 6 等分，排氣滾圓，休息 10 分鐘。

3. 取其中一個麵糰　成 18×13cm 的長方形，翻面之後捲起來一半 ❶，剩餘部分分割成 8 等分 ❷。

4. 拉起其中一條轉一圈之後 ❸，黏在麵糰上。八條都完成之後 ❹，前後黏緊成為一個花圈 ❺。

5. 放在烤盤上於溫度 35 度左右室溫 ❻，發酵 50 分鐘 ❼。

6. 發酵好之後噴水蓋上保鮮膜 ❽，直接入冷凍庫。

7. 隔天早上起來→在麵糰上刷上薄薄的鮮奶 ❾！

8. 阿拉丁烤箱 200 度，烘烤 12 ～ 13 分鐘，上色後即完成。（一次烘烤 3 ～ 4 個）

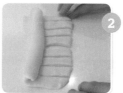

Shania *Bakery* Notes

⊙冷凍麵糰建議三天內要烤完喔！

⊙其他烤箱建議預熱 210 度，烘烤 14 ～ 15 分鐘。

有料鹹麵包

INGREDIENTS

麵糰材料：

高筋麵粉	200g
冰水	125g
砂糖	15g
酵母	2g
鹽巴	2g
奶油	10g

餡料：

紅醬	適量（詳見 P. 130）
乳酪絲	適量
巴西里葉	適量

千石阿拉丁烤箱

| 溫度 | 220 度 |
| 時間 | 約 10 ～ 11 分鐘 |

— Sengoku Aladdin —

· 配件：兩用烤盤 / 圓形烤盤

市面一般烤箱

| 溫度 | 230 度 |
| 時間 | 約 13 ～ 14 分鐘 |

1. 放入麵包機，啟動「麵包麵糰」模式（已經包含揉麵＋一次發酵 60 分鐘）。

   如果是用攪拌器，這分量對大多攪拌器來說都算少，建議做兩倍的量會比較好打。

   方法一樣除了奶油之外其他麵糰材料投入，慢速 3 分鐘，轉中速 2 分鐘之後放入奶油，慢速 2 分鐘，中速 5～7 分鐘，之後放到室溫 28 度地方發酵 60 分鐘。

2. 取出麵糰，分割成 6 等分，排氣滾圓 ①，休息 10 分鐘。

3. 取其中一個麵糰擀成直徑約 15cm 的正方形，用刮板在對角畫出直角 ② ③。

4. 將麵糰左右交錯 ④。

5. 放到烤盤上 ⑤，不需要二次發酵，蓋上保鮮膜，放入冷凍庫。

6. 隔天早上起來→塗抹上紅醬，放入乳酪絲 ⑥，阿拉丁烤箱 220 度，烘烤約 10～11 分鐘（一次烤 4 個），上色了就可出爐，撒上巴西里葉裝飾就完成了！

Shania *Bakery* Notes

⊙其他烤箱建議，預熱烤箱 230 度，烘烤約 13～14 分鐘，上色即完成。

⊙冷凍麵糰建議三天內要烤完喔！

超有料麵包

INGREDIENTS

麵糰材料：

高筋麵粉	200g
冰水	130g
砂糖	15g
酵母	2g
鹽巴	2g
橄欖油	15g

餡料：

適量咖哩醬	（可以是前一天吃剩下的咖哩）
白醬	適量（請參考 P. 134）
乳酪絲	適量

🏮 千石阿拉丁烤箱

溫度	210 度
時間	約 10 ~ 12 分鐘

— Sengoku Aladdin ✎

・配件：兩用烤盤 / 圓形烤盤

市面一般烤箱

溫度	230 度
時間	約 15 分鐘

1. 放入麵包機，啟動「麵包麵糰」模式（已經包含揉麵＋一次發酵60分鐘）。

   如果是用攪拌器，這量對大多攪拌器來說都算少，建議做兩倍的量會比較好打。

   方法一樣所有麵糰材料投入，慢速3分鐘，轉中速5～7分鐘（每一台機器不同，但重點要打出薄膜），之後放到室溫28度地方發酵60分鐘。

   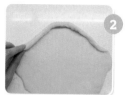

2. 取出麵糰，分割成2等分，排氣滾圓，休息10分鐘。

   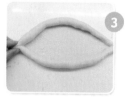

3. 取其中一個麵糰擀成直徑約20cm的圓形 ❶，從邊緣捲起來，捲幾圈後停止 ❷。另一邊重複同樣步驟 ❸。

4. 不需要二次發酵，噴水蓋上保鮮膜，直接入冷凍庫。

5. 隔天早上起來→取其中一個麵糰，放入餡料，撒上乳酪絲 ❹，阿拉丁烤箱210度，烘烤約10～12分鐘，麵糰以及起司都上色了就完成了！（一次烤一個）

Shania **Bakery** Notes

⊙其他烤箱建議，預熱烤箱230度，烘烤約15分鐘，上色即完成。

⊙冷凍麵糰建議三天內要烤完喔！

巧克力
小阿花

千石阿拉丁烤箱

| 溫度 | 200 度 |
| 時間 | 約 12 ～ 13 分鐘 |

— Sengoku Aladdin 🖊

· 配件：兩用烤盤 / 圓形烤盤

市面一般烤箱

| 溫度 | 210 度 |
| 時間 | 約 13 ～ 15 分鐘 |

INGREDIENTS

麵糰材料： （可以做兩個小阿花）

高筋麵粉	250g
鮮奶	77g
冰水	85g
砂糖	25g
酵母	2.5g
鹽巴	2.5g
奶油	20g

市售榛果巧克力醬　適量

1. 放入麵包機，啟動「麵包麵糰」模式（已經包含揉麵＋一次發酵 60 分鐘）。

   如果是用攪拌器，這量對大多攪拌器來說都算少，建議做兩倍的量會比較好打。

   方法一樣除了奶油之外其他麵糰材料投入，慢速 3 分鐘，轉中速 2 分鐘之後放入奶油，慢速 2 分鐘，中速 5 ～ 7 分鐘（每一台機器不同，但重點要打出薄膜），之後放到室溫 28 度地方發酵 60 分鐘

2. 取出麵糰，分割成 8 等分，排氣滾圓 ❶，休息 10 分鐘。

3. 取其中一個麵糰擀成直徑 16cm 的圓形 ❷，塗抹上巧克力榛果醬 ❸，之後再疊上一層麵糰，塗上巧克力醬，最上層麵糰不需要抹上巧克力醬，總共四個麵糰。

4. 麵糰中間放一個約 2cm 的圓型圈模 ❹，先分割成四等分 ❺，其中再切割成四等分 ❻ ❼（共 16 等分）。

5. 拉起其中一條轉三圈之後，相鄰的麵糰反方向轉三圈 ❽，兩個麵糰尾端黏好。之後再完成另一個小阿花。

6. 放在烤盤上於溫度 35 度左右室溫，發酵 20 ～ 30 分鐘 ❾。

7. 發酵好之後噴水蓋上保鮮膜，直接放入冷凍庫。

8. 隔天早上起來 ❿ →阿拉丁烤箱用 200 度，烘烤約 12 ～ 13 分鐘。（一次烘烤一個）

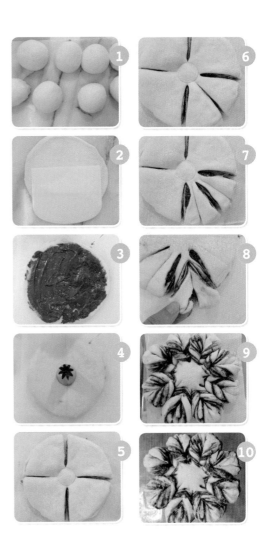

Shania Bakery Notes

⊙其他烤箱，預熱烤箱210度，預熱完成之後 烘烤 13 ～ 15 分鐘，麵包上色之後就好了。

⊙冷凍麵糰建議三天內烤完。

地瓜花花

INGREDIENTS

麵糰材料：

高筋麵粉	200g
鮮奶	77g
冰水	55g
砂糖	20g
酵母	2g
鹽巴	2g
奶油	20g

內餡：

蒸熟地瓜	150g
砂糖	15g
奶油	15g

（以上材料攪拌均勻即可）

裝飾：

黑芝麻	適量
蛋液	適量

千石阿拉丁烤箱

| 溫度 | 200 度 |
| 時間 | 約 11 ～ 12 分鐘 |

Sengoku Aladdin

· 配件：兩用烤盤／圓形烤盤

市面一般烤箱

| 溫度 | 210 度 |
| 時間 | 12 ～ 13 分鐘 |

1. 放入麵包機，啟動「麵包麵糰」模式（已經包含揉麵＋一次發酵 60 分鐘）。

   如果是用攪拌器，這量對大多攪拌器來說都算少，建議做兩倍的量會比較好打。

   方法一樣除了奶油之外其他麵糰材料投入，慢速 3 分鐘，轉中速 2 分鐘之後放入奶油，慢速 2 分鐘，中速 5 ～ 7 分鐘（每一台機器不同，但重點要打出薄膜），之後放到室溫 28 度地方發酵 60 分鐘。

2. 取出麵糰，分割成 6 等分，排氣滾圓，休息 10 分鐘。

3. 取其中一個麵糰，拍平包入 30g 地瓜餡 ➊，包好 ➋ 之後壓平，再稍微擀大一點 ➌，切出 8 等分 ➍。

4. 8 等分中兩兩相對轉一圈 ➎，尾端黏一起，之後稍微壓平會更漂亮。

5. 放在烤盤上於溫度 35 度左右室溫，發酵 50 分鐘 ➏。

6. 發酵好之後噴水蓋上保鮮膜，直接入冷凍庫。

7. 隔天早上起來→從冷凍庫取出麵糰，塗上蛋液，中間撒上適量芝麻，200 度烘烤 11 ～ 12 分鐘 （一次約可以放四個）麵包上色之後就好了。

Shania
Bakery
Notes

⊙ 其他烤箱建議 210 度，烘烤 12 ～ 13 分鐘。

⊙ 冷凍麵糰建議三天內要烤完喔！

花形
火腿麵包

🫖 千石阿拉丁烤箱

| 溫度 | 200 度 |
| 時間 | 約 11 ～ 12 分鐘 |

— Sengoku Aladdin ✎

· 配件：兩用烤盤 / 圓形烤盤

市面一般烤箱

| 溫度 | 220 度 |
| 時間 | 12 ～ 13 分鐘 |

INGREDIENTS

麵糰材料：

高筋麵粉	200g
雞蛋	20g
冰水	100g
砂糖	15g
酵母	2g
鹽巴	2g
奶油	15g

內餡：

火腿	6 片
白芝麻	適量
橄欖油	適量

1. 放入麵包機，啟動「麵包麵糰」模式（已經包含揉麵＋一次發酵 60 分鐘）。

   如果是用攪拌器，這量對大多攪拌器來說都算少，建議做兩倍的量會比較好打。

   方法一樣除了奶油之外其他麵糰材料投入，慢速 3 分鐘，轉中速 2 分鐘之後放入奶油，慢速 5 分鐘，中速 5 ～ 7 分鐘（每一台機器不同，但重點要打出薄膜），之後放到室溫 28 度地方發酵 60 分鐘。

2. 取出麵糰，分割成 12 等分，排氣滾圓，休息 10 分鐘。 ❶

3. 將火腿用餅乾模型切成圓形 ❷。

4. 取兩個麵糰擀平到與火腿直徑一樣的大小，兩片中間夾著火腿，切出 8 道痕跡 ❸。

5. 相對的兩等分麵糰，由內往外轉 ❹，稍微按壓固定。

6. 放在烤盤上於溫度 35 度左右室溫，發酵 50 分鐘 ❺❻。

7. 發酵好之後噴水蓋上保鮮膜，直接入冷凍庫。

8. 隔天早上起來，在麵糰中間撒上少量白芝麻，200 度，烘烤 11 ～ 12 分鐘，麵包上色之後就好了。（一次烤 4 個）

9. 出爐後刷上一層薄薄的橄欖油。

Shania Bakery Notes

⊙其他烤箱建議 220 度，要預熱，烘烤 12 ～ 13 分鐘。

⊙冷凍麵糰建議三天內要烤完喔！

抹茶
大理石麵包

🏮 千石阿拉丁烤箱

| 溫度 | 210 度 |
| 時間 | 約 12 ～ 13 分鐘 |

— *Sengoku Aladdin* 🖊

· 配件：兩用烤盤 / 圓形烤盤

市面一般烤箱

| 溫度 | 210 度 |
| 時間 | 約 14 ～ 15 分鐘 |

INGREDIENTS

麵糰材料：

高筋麵粉	210g
低筋麵粉	40g
雞蛋	30g
冰水	130g
砂糖	25g
鹽巴	2g
酵母	2.5g
奶油	25g

抹茶餡料配方：

砂糖	30g
抹茶粉	7g
低筋麵粉	25g
水	42g
奶油	12g

STEP　餡料作法

1. 砂糖＋抹茶粉＋低筋麵粉攪拌均勻。
2. 加入水攪拌均勻。
3. 平底鍋放入奶油融化之後倒入步驟 2.。
4. 一邊加熱一邊攪拌到成團為止，冷卻後放入保鮮膜入冰箱冷藏。

1. 放入麵包機，啟動「麵包麵糰」模式（已經包含揉麵＋一次發酵 60 分鐘）。

   如果是用攪拌器，這量對大多攪拌器來說都算少，建議做兩倍的量會比較好打。

   方法一樣除了奶油之外其他麵糰材料投入，慢速 3 分鐘，轉中速 2 分鐘之後放入奶油，慢速 2 分鐘，中速 5 ～ 7 分鐘（每一台機器不同，但重點要打出薄膜），之後放到室溫 28 度地方發酵 60 分鐘。

2. 取出麵糰，排氣滾圓，休息 10 分鐘。

3. 將麵糰擀成約 22×32cm 長方形。將餡料隔著保鮮膜擀成 21×16cm 的長度。

4. 將餡料包入麵糰 ① ②，轉 90 度之後擀成 22×32cm 長方形。摺三褶。

5. 再轉 90 度，再度擀成 22×32cm 長方形 ③，摺三褶 ④。

6. 再轉 90 度，再度擀成 22×32cm 長方形 ⑤。

7. 切割成 12 等分 ⑥，取其中三等分，綁辮子 ⑦。

8. 放在烤盤上於溫度 35 度左右室溫，發酵 50 分鐘。

9. 發酵好之後噴水蓋上保鮮膜，直接入冷凍庫。

10. 隔天早上起來→阿拉丁 210 度，烘烤 12 ～ 13 分鐘，麵包上色之後就好了。（一次烘烤 2 ～ 3 個）

Shania Bakery Notes

⊙其他烤箱 210 度，烘烤約 14 ～ 15 分鐘。

⊙冷凍麵糰建議三天內要烤完喔！

巧克力
大理石麵包

🍞 千石阿拉丁烤箱

| 溫度 | 200 度 |
| 時間 | 約 11 ～ 12 分鐘 |

— *Sengoku Aladdin* ✏

· 配件：兩用烤盤 / 圓形烤盤

市面一般烤箱

| 溫度 | 210 度 |
| 時間 | 12 ～ 13 分鐘 |

INGREDIENTS

麵糰配方：

高筋麵粉	210g
低筋麵粉	40g
雞蛋	30g
冰水	130g
砂糖	25g
鹽巴	2g
酵母	2.5g
奶油	25g

巧克力餡料配方：

低筋麵粉	30g
砂糖	40g
可可粉	15g
水	60g
奶油	10g

STEP 餡料作法

1. 砂糖＋可可粉＋低筋麵粉攪拌均勻。
2. 加入水攪拌均勻。
3. 平底鍋放入奶油融化之後倒入步驟 2.。
4. 一邊加熱一邊攪拌到成團為止 ❶，冷卻後放入保鮮膜入冰箱冷藏。

1. 放入麵包機，啟動「麵包麵糰」模式（已經包含揉麵＋一次發酵 60 分鐘）。

   如果是用攪拌器，這量對大多攪拌器來說都算少，建議做兩倍的量會比較好打。

   方法一樣除了奶油之外其他麵糰材料投入，慢速 3 分鐘，轉中速 2 分鐘之後放入奶油，慢速 2 分鐘，中速 5～7 分鐘（每一台機器不同，但重點要打出薄膜），之後放到室溫 28 度地方發酵 60 分鐘。

2. 取出麵糰，排氣滾圓，休息 10 分鐘。

3. 將麵糰擀成約 22×32cm 長方形。將餡料隔著保鮮膜擀成 21×16cm 的長度。

4. 將餡料包入麵糰 ❷ ❸，轉 90 度之後擀成 22×32cm 長方形 ❹。摺三褶。

5. 再轉 90 度，再度擀成 22×32cm 長方形 ❺，摺三褶 ❻ ❼。

6. 再轉 90 度，再度擀成 22×32cm 長方形 ❽。

7. 切割成 8 等分 ❾，取其中一等分，從中間切開，兩邊僅留一點不切開 ❿，將麵糰旋轉 3～4 圈 ⓫。

8. 放在烤盤上於溫度 35 度左右室溫，發酵 50 分鐘 ⓬。

9. 發酵好後噴水蓋上保鮮膜，直接入冷凍庫。

10. 隔天早上起來→從冰箱取出，於室溫停留 5～10 分鐘，塗上蛋液（不塗也可以），200 度烘烤 11～12 分鐘，麵包上色之後就好了。（一次烘烤 3～4 個）

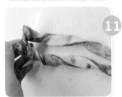

Shania *Bakery* Notes

⊙ 其他烤箱建議 210 度，烘烤 12～13 分鐘。

⊙ 可以在烘烤前放入適量的杏仁片做裝飾也不錯喔！

DOUBLE
起司麵包

🏺 千石阿拉丁烤箱

| 溫度 | 200 度 |
| 時間 | 約 10 ～ 11 分鐘 |

Sengoku Aladdin ✎

· 配件：兩用烤盤 / 圓形烤盤
市面一般烤箱

| 溫度 | 220 度 |
| 時間 | 約 13 ～ 14 分鐘 |

INGREDIENTS

麵糰材料：

高筋麵粉	200g
冰水	80g
鮮奶	50g
砂糖	15g
酵母	2g
鹽巴	2g
奶油	15g

餡料：

| 起司片 | 6 片 |

裝飾：

| 帕瑪森起司粉 | 適量 |

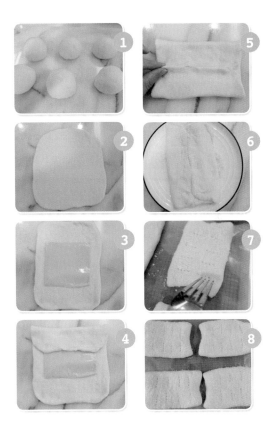

1. 放入麵包機，啟動「麵包麵糰」模式（已經包含揉麵＋一次發酵 60 分鐘）。

   如果是用攪拌器，這量對大多攪拌器來說都算少，建議做兩倍的量會比較好打。

   方法一樣除了奶油之外其他麵糰材料投入，慢速 3 分鐘，轉中速 2 分鐘之後放入奶油，慢速 2 分鐘，中速 5 ～ 7 分鐘（每一台機器不同，但重點要打出薄膜），之後放到室溫 28 度地方發酵 60 分鐘。

2. 取出麵糰，分割成 6 等分，排氣滾圓 ①，休息 15 分鐘。

3. 取其中一個麵糰擀成直徑約 15×20cm 的長方形 ②，放上一片起司片 ③，上下麵糰往中間蓋上 ④，收口捏緊 ⑤。

4. 表面沾點水，再沾上滿滿的帕瑪森起司 ⑥。用叉子任意叉出幾個洞 ⑦，以防麵包因為烘烤後過度膨脹。

5. 放到室溫約 35 度，發酵 30 分鐘。之後蓋上保鮮膜，放入冷凍庫。

6. 隔天早上起來→阿拉丁烤箱 200 度，烘烤約 10 ～ 11 分鐘（一次烤 4 個）⑧，上色了就完成了！

Shania
Bakery
Notes

⊙其他烤箱建議，預熱烤箱 220 度，烘烤約 13 ～ 14 分鐘，上色即完成。

⊙冷凍麵糰建議三天內要烤完喔！

龍捲風
PIZZA

🔺 千石阿拉丁烤箱

| 溫度 | 230 度 |
| 時間 | 約 10 ～ 12 分鐘 |

— Sengoku Aladdin ✏

· 配件：兩用烤盤 / 圓形烤盤

市面一般烤箱

| 溫度 | 240 度 |
| 時間 | 15 ～ 18 分鐘 |

麵糰材料：（可以做兩個大 Pizza）

高筋麵粉	250g
冰水	150g
砂糖	15g
酵母	2.5g
鹽巴	3g
橄欖油	10g

龍捲風餡料：

| 德式香腸 | 8 支 |

（每支長度約 16cm）

餡料：

鴻禧菇	1 包
橄欖油	適量
鹽巴	適量
紅醬	適量（作法參見 P.130）
乳酪絲	適量

STEP 餡料作法

1. 平底鍋淋上適量橄欖油，轉中大火，鍋子熱了之後，放入鴻禧菇。

2. 稍微翻炒，炒到菇類上色之後即可以關火，放點鹽巴調味，冷卻後備用 ❶。

3. 龍捲風餡料：先將香腸切成小條（長約 2.5cm）備用。。

1. Pizza 作法

放入麵包機，啟動「快速麵糰」模式（已經包含揉麵＋一次發酵 60 分鐘）。

如果是用攪拌器，這量對大多攪拌器來說都算少，建議做兩倍的量會比較好打。

方法一樣所有麵糰材料投入，慢速 3 分鐘，轉中速 3～4 分鐘之後，麵糰稍微光滑即可，之後放到室溫 28 度地方發酵 60 分鐘。

2. 取出麵糰，分割成 2 等分，排氣滾圓，休息 15 分鐘 ②。

3. 擀成直徑約 28cm 的圓形，鬆弛 5 分鐘 ③。

4. 將麵糰邊緣切出 16 等分 ④，分別包入香腸 ⑤，捲起來之後 ⑥ 轉 90 度即可 ⑦。

5. 完成後 ⑧，蓋上保鮮膜，入冷凍庫。

6. 早上取出麵糰，麵糰中間塗上一層紅醬／番茄糊 ⑨，放上菇餡料，放上適量乳酪絲 ⑩。

7. 230 度烘烤 10～12 分鐘，上色之後就可出爐！（一次烘烤 1 個）

歐式迷你
拖鞋麵包

🏺 千石阿拉丁烤箱

| 溫度 | 230 度 |
| 時間 | 約 12 ～ 13 分鐘 |

— Sengoku Aladdin ✎

· 配件：兩用烤盤 / 圓形烤盤

市面一般烤箱

| 溫度 | 250 度 |
| 時間 | 約 14 ～ 16 分鐘 |

INGREDIENTS

法國粉（鳥越的法國粉）	200g
冰水	140g
砂糖	5g
酵母	2g
鹽巴	4g
耐高溫的油	5g

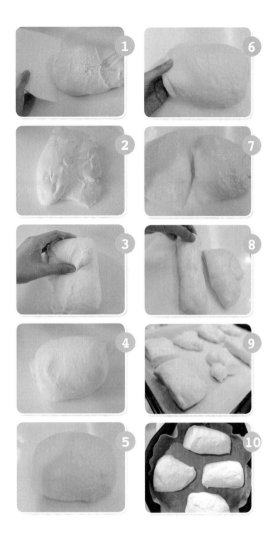

1. 放入麵包機，啟動「揉麵」模式（單純打麵糰），大約揉 15 ～ 20 分鐘。

   如果是用攪拌器，建議做兩倍的量會比較好打。

   麵糰材料投入，慢速 3 分鐘，中速 5 ～ 7 分鐘。

2. 麵糰比較濕黏，手一定要沾油，或是沾水，取出麵糰，收圓放到烤盤上，之後放到烤箱內室溫約 28 度地方發酵 40 分鐘。

3. 拍平翻面 ❶，稍微將麵糰拉一下，左右摺 ❷，再上下摺 ❸ ❹。

4. 放上烤盤，再度發酵 40 分鐘。

5. 手要沾油或是沾水稍微拍平，再度兩次摺三摺（重複步驟 3），休息 20 分鐘 ❺。

6. 將麵糰稍微拉長 ❻，分割成八等分 ❼，不需要滾圓，只需要把每一個麵糰稍微拉長 ❽，放到烤盤就可以 ❾。

7. 放在烤盤上於溫度 35 度左右室溫，發酵 50 ～ 60 分鐘。

8. 發酵好之後噴水蓋上保鮮膜，直接入冷凍庫。

9. 隔天早上起來→平面烤盤上放上烘焙布，取四個麵糰放在烤盤上 ❿，於室溫放置 5 分鐘，對著麵包噴水，蓋上上蓋！

10. 230 度烤 6 分鐘，之後開蓋，轉到 240 度再烤 6 ～ 7 分鐘，看上色狀況決定。

Shania Bakery Notes

⊙其他一般烤箱建議使用 250 度，烘烤 14 ～ 16 分鐘

⊙這裡的烤盤要將平面的上蓋放在下面，凹凸的上蓋放在上面。

⊙冷凍麵糰建議三天內要烤完喔！

義大利肉醬
麵包餃

🍳 千石阿拉丁烤箱

| 溫度 | 210 度 |
| 時間 | 約 15 ～ 16 分鐘 |

—— Sengoku Aladdin ——

· 配件：兩用烤盤 / 圓形烤盤

市面一般烤箱

| 溫度 | 220 度 |
| 時間 | 16 ～ 18 分鐘 |

INGREDIENTS

麵糰材料：

高筋麵粉	180g
低筋麵粉	20g
雞蛋	20g
冰水	100g
砂糖	15g
鹽巴	2g
酵母	2g
奶油	15g

內餡：

義大利肉醬	360g
（請參考 P. 132）	
乳酪絲	適量

其他：

蛋液	適量

1. 放入麵包機，啟動「麵包麵糰」模式（已經包含揉麵＋一次發酵 60 分鐘）。

   如果是用攪拌器，這量對大多攪拌器來說都算少，建議做兩倍的量會比較好打。

   方法一樣，將所有麵糰材料投入，慢速 3 分鐘，快速 5～7 分鐘（每一台機器不同，但重點要打出薄膜）之後放到室溫 28 度地方發酵 60 分鐘。

2. 取出麵糰，分割成 6 等分 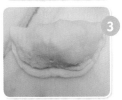，排氣滾圓，休息 10 分鐘。

3. 取其中一個麵糰擀成 18×13cm 的長方形，翻面之後放上肉醬及乳酪絲（約 60g 內餡）。

4. 拉起半邊黏起來在麵糰上 ，先壓一下，再黏好 ！

5. 放在烤盤上 ⑤ 於溫度 35 度左右室溫，發酵 10～20 分鐘。

6. 發酵好之後噴水蓋上保鮮膜，直接入冷凍庫。

7. 隔天早上起來→在麵糰上刷上薄薄的蛋液 ⑥，阿拉丁烤箱 210 度烘烤 15～16 分鐘（一次烤 3 個）。

Shania
Bakery
Notes

⊙其他烤箱建議 220 度，烘烤 16～18 分鐘。

⊙因為包裹了肉醬，烤熟難度會再更高一點，麵包要確實上色喔！

⊙冷凍麵糰建議三天內要烤完喔！

藍莓
乳酪麵包

🏮 千石阿拉丁烤箱

| 溫度 | 210 度 |
| 時間 | 約 10 ～ 11 分鐘 |

— *Sengoku Aladdin* ✎

· 配件：兩用烤盤／圓形烤盤

市面一般烤箱

| 溫度 | 220 度 |
| 時間 | 約 13 ～ 14 分鐘 |

⚫ ⚫ ⬛

INGREDIENTS

麵糰材料：

高筋麵粉	200g
冰水	75g
鮮奶	55g
砂糖	20g
酵母	2g
鹽巴	2g
奶油	20g

餡料：

藍莓奶油乳酪	適量

（請參考 P. 138）

1. 放入麵包機，啟動「麵包麵糰」模式（已經包含揉麵＋一次發酵 60 分鐘）。

   如果是用攪拌器，這量對大多攪拌器來說都算少，建議做兩倍的 量會比較好打。

   方法一樣除了奶油之外其他麵糰材料投入，慢速 3 分鐘，轉中速 2 分鐘之後放入奶油，慢速 2 分鐘，中速 5 ～ 7 分鐘（每一台機 器不同，但重點要打出薄膜）之後放到室溫 28 度地方發酵 60 分鐘。

2. 取出麵糰，分割成 2 等分，排氣滾圓，休息 15 分鐘。

3. 取其中一個麵糰擀成直徑約 20cm 的圓形，分割成四等分 ❶， 用 PIZZA 刀畫出三個直角 ❷ ❸。

4. 放上適量藍莓乳酪 ❹ ，左右兩邊麵糰黏合 ❺ ❻ 。

5. 放到烤盤上，於室溫約 35 度，發酵 30 ～ 40 分鐘。

6. 蓋上保鮮膜，放入冷凍庫。

7. 隔天早上起來→麵糰上噴點水，撒上適量麵粉 ❼，阿拉丁烤箱 210 度，烘烤約 10 ～ 11 分鐘（一次烤 4 個），上色了就完成了！

Shania *Bakery* Notes

⊙其他烤箱建議，預熱烤箱 220 度， 烘烤約 13 ～ 14 分鐘，上色即完成。

⊙冷凍麵糰建議三天內要烤完喔！

可愛
海星麵包

千石阿拉丁烤箱

| 溫度 | 210 度
| 時間 | 約 10 ～ 11 分鐘

— Sengoku Aladdin

· 配件：兩用烤盤 / 圓形烤盤

市面一般烤箱

| 溫度 | 210 度
| 時間 | 約 13 ～ 14 分鐘

INGREDIENTS

麵糰材料：

高筋麵粉	200g
芒果泥	60g
水	70g
砂糖	20g
酵母	2g
鹽巴	2g
奶油	20g

1. 放入麵包機，啟動「麵包麵糰」模式，（已經包含揉麵＋一次發酵 60 分鐘）。

   如果是用攪拌器，這量對大多攪拌器來說都算少，建議做兩倍的量會比較好打。

   方法一樣除了奶油之外其他麵糰材料投入，慢速 3 分鐘，轉中速 2 分鐘之後放入奶油，慢速 2 分鐘，中速 5 ～ 7 分鐘（每一台機器不同，但重點要打出薄膜），投入黑芝麻之後，慢速攪拌到材料全部均勻，之後放到室溫 28 度地方發酵 60 分鐘。

2. 分割成 6 等分，滾圓之後，休息醒 10 分鐘。

3. 擀成直徑 15cm 的圓形 ❶，用刮板畫出四條線路 ❷❸❹。

4. 先放到烤盤上，之後往外翻 ❺❻。

5. 放到室溫約 35 度，發酵 20 ～ 30 分鐘 ❼，就可以蓋上保鮮膜，入冷凍庫。

6. 隔天早上起來→用阿拉丁烤箱 210 度，烘烤約 10 ～ 11 分鐘，上色了就完成了！（一次烘烤 3 ～ 4 個）

Shania *Bakery* Notes

⊙其他烤箱建議，預熱烤箱 210 度，烘烤約 13 ～ 14 分鐘，上色即完成。

⊙冷凍麵糰建議 3 天內烤完。

黑糖小麵包

千石阿拉丁烤箱

| 溫度 | 210 度 |
| 時間 | 約 10 ～ 11 分鐘 |

Sengoku Aladdin

· 配件：兩用烤盤 / 圓形烤盤

市面一般烤箱

| 溫度 | 210 度 |
| 時間 | 約 13 ～ 14 分鐘 |

INGREDIENTS

麵糰材料：

高筋麵粉	250g
冰水	155g
黑糖	20g
砂糖	10g
酵母	2.5g
鹽巴	2.5g
奶油	20g

餡料：

| 黑糖 | 40g |
| 杏仁粉 | 15g |

（兩者混合均勻就可以）

1. 放入麵包機，啟動「麵包麵糰」模式（已經包含揉麵＋一次發酵 60 分鐘）。

   如果是用攪拌器，這量對大多攪拌器來說都算少，建議做兩倍的量會比較好打。

   方法一樣除了奶油之外其他麵糰材料投入，慢速 3 分鐘，轉中速 2 分鐘之後放入奶油，慢速 2 分鐘，中速 5 ～ 7 分鐘（每一台機器不同，但重點要打出薄膜）之後放到室溫 28 度地方發酵 60 分鐘。

2. 取出麵糰，分割成 8 等分 ，排氣滾圓，休息 15 分鐘。

3. 取其中一個麵糰擀成直徑約 10×15cm 的長方形 ，放上適量的餡料 ②，捲起來 ③，收口捏緊，放到烤盤上 ④。

4. 放到室溫約 35 度，發酵 50 分鐘 ⑤。

5. 隔天早上起來→麵包表面噴點水，可以放上杏仁片 ⑥，也可以省略。然後放進烤箱，阿拉丁烤箱 210 度，烘烤約 10 ～ 12 分鐘（一次烤 4 個），上色了就完成了！

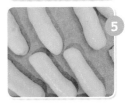

⊙其他烤箱建議，預熱烤箱 210 度，烘烤約 13 ～ 14 分鐘，上色即完成。

⊙冷凍麵糰建議三天內要烤完喔！

蜂蜜
黑芝麻軟法

🍞 千石阿拉丁烤箱

| 溫度 | 210 度 |
| 時間 | 約 10 ～ 11 分鐘 |

— *Sengoku Aladdin* ✎

· 配件：兩用烤盤 / 圓形烤盤

市面一般烤箱

| 溫度 | 210 度 |
| 時間 | 約 13 ～ 15 分鐘 |

INGREDIENTS

麵糰材料：

高筋麵粉	220g
低筋麵粉	30g
冰水	155g
蜂蜜	15g
砂糖	15g
酵母	2.5g
鹽巴	3g
奶油	15g

投料：

黑芝麻	20g

1. 放入麵包機，啟動「麵包麵糰」模式，設定「投料」（已經包含揉麵＋一次發酵60分鐘）。

   如果是用攪拌器，這量對大多攪拌器來說都算少，建議做兩倍的量會比較好打。

   方法一樣除了奶油之外其他麵糰材料投入，慢速3分鐘，轉中速2分鐘之後放入奶油，慢速2分鐘，中速5～7分鐘（每一台機器不同，但重點要打出薄膜）投入黑芝麻，啟動慢速，直到材料均勻即可。之後放到室溫28度地方發酵60分鐘。

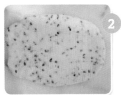

2. 取出麵糰，分割成8等分 ，排氣滾圓，休息15分鐘。

3. 取其中一個麵糰擀成直徑約10×15cm的長方形 ，捲起來 ，收口捏緊，放到烤盤上 。

4. 放到室溫約35度，發酵50分鐘 ⑤，之後在麵包表面畫出兩道紋路 ⑥。

5. 隔天早上起來→阿拉丁烤箱210度，烘烤約10～12分鐘（一次烤4個），烘烤過程，可視情況蓋上錫箔紙。上色了就完成了！

Shania Bakery Notes

⊙其他烤箱建議，預熱烤箱210度，烘烤約13～15分鐘，上色即完成。

⊙冷凍麵糰建議三天內要烤完喔！

懶人
歐式麵包

🍞 千石阿拉丁烤箱

| 溫度 | 200 度
| 時間 | 約 11 ～ 12 分鐘
— Sengoku Aladdin ✎

· 配件：兩用烤盤 / 圓形烤盤

市面一般烤箱

| 溫度 | 220 度
| 時間 | 約 13 ～ 15 分鐘

麵糰材料：

高筋麵粉	250g	橄欖油	適量
水	160g	鹽巴	適量
砂糖	15g	巴西里葉	適量
酵母粉	2.5g		
鹽巴	3g		
橄欖油	15g		

1. 把所有麵糰材料放入麵包機，啟動「麵包麵糰」模式。

   如果是用攪拌器，這量對大多攪拌器來說都算少，建議做兩倍的量會比較好打。

   所有麵糰材料投入，慢速3分鐘，轉中速5～7分鐘（每一台機器不同，但重點要打出薄膜），之後放到室溫28度地方發酵60分鐘。

2. 發酵完畢之後，從麵包機取出麵糰，拍出空氣之後，分割成兩等分滾圓。

3. 在保鮮盒內，塗抹上一層薄薄的橄欖油，將麵糰放進去 ❶，蓋上蓋子，直接入冷藏（不是冷凍）。

4. 隔天早上起床（約7～9小時），刮板撒上適量麵粉，輕輕的將麵糰拿出來 ❷。

5. 麵糰撒上適量麵粉，輕輕的推開麵糰（千萬別用擀麵棍） ❸，將麵糰推開到約兩個小刮板大小 ❹。

6. 塗上橄欖油 ❺，筷子搓出幾個洞 ❻ ❼，以防麵糰膨脹太高（不用搓到底）若麵糰有大泡泡，輕輕拍就好，千萬不要將泡泡捏破！

7. 入阿拉丁烤箱，200度烤11～12分鐘即完成！（一次烘烤一個麵包）。烘烤過程，可視情況蓋上錫箔紙。

8. 出爐後，撒上適量橄欖油、鹽巴、巴西里葉就完成了！

   這款麵包吃得到麥香味，也吃得到外酥內軟，真的非常好吃！

Shania
Bakery
Notes

其他烤箱建議預熱220度烘烤約13～15分鐘。

懶人歐式
紅豆起司麵包

🍞 千石阿拉丁烤箱

| 溫度 | 200 度 |
| 時間 | 約 12 ～ 13 分鐘 |

Sengoku Aladdin ✒

· 配件：兩用烤盤 / 圓形烤盤

市面一般烤箱

| 溫度 | 220 度 |
| 時間 | 約 13 ～ 15 分鐘 |

INGREDIENTS

麵糰材料：

高筋麵粉	250g
水	160g
砂糖	15g
酵母粉	2.5g
鹽巴	3g
橄欖油	15g

餡料：

高熔點起司	60g
蜜紅豆	35g

1. 把所有麵糰材料放入麵包機，啟動「麵包麵糰」模式，揉麵完成之後，麵包機會發出「嗶嗶」聲，取出麵糰（即將進入發酵之前），把麵糰攤開成長方形，放入所有餡料 ，摺起來 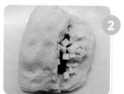。

   將麵糰對切 ，其中一個疊上另一個麵糰，將麵糰壓平壓寬，之後再對切，再疊直到餡料均勻。把麵糰表面收圓，再度放回麵包機進行發酵。

   如果是用攪拌器，這量對大多攪拌器來說都算少，建議做兩倍的量會比較好打。

   所有麵糰材料投入，慢速 3 分鐘，轉中速 5 ～ 7 分鐘（每一台機器不同，但重點要打出薄膜）。

   將麵糰切對半，其中一個疊上另一個麵糰，將麵糰壓平壓寬，之後再對切，再疊直到餡料均勻。把麵糰表面收圓，之後放到室溫 28 度地方發酵 60 分鐘。

2. 發酵完畢之後，從麵包機取出麵糰，拍出空氣之後，分割成兩等分滾圓。

3. 在保鮮盒內，塗抹上一層薄薄的橄欖油，將麵糰放進去 ，噴點水蓋上蓋子，直接入冷藏（不是冷凍）。

4. 隔天早上起床（約 7 ～ 9 小時），桌面以及刮板撒上適量麵粉，輕輕的將麵糰拿出來。

5. 麵糰撒上適量麵粉，輕輕的推開麵糰（千萬別用擀麵棍） ，將麵糰推開到約兩個小刮板大小。

6. 塗上橄欖油，筷子搓出幾個洞，以防麵糰膨脹太高（不用搓到底）若麵糰有大泡泡，輕輕拍就好，千萬不要將泡泡捏破！

7. 入阿拉丁烤箱，200 度烤 12 ～ 13 分鐘即完成！ （建議兩個麵包分次烤，等到熟練了，再看是否適合兩個一起烤）。烘烤過程，可視情況蓋上錫箔紙。

Shania
Bakery
Notes
其他烤箱建議預熱 220 度烘烤約 13 ～ 15 分鐘。

滿滿蔥花
大麵包

🏮 千石阿拉丁烤箱

| 溫度 | 200 度 |
| 時間 | 約 11 ～ 12 分鐘 |
— Sengoku Aladdin ✎

· 配件：兩用烤盤／圓形烤盤

市面一般烤箱

| 溫度 | 210 度 |
| 時間 | 13 ～ 14 分鐘 |

麵糰材料：

高筋麵粉	200g
雞蛋	20g
冰水	105g
砂糖	20g
酵母	2g
鹽巴	2g
奶油	15g

內餡：

蔥花	80g
鹽巴	1 ～ 2g
白胡椒	適量
砂糖	2g
植物油	15g

其他：

| 蛋液 | 適量 |

1. 放入麵包機，啟動「麵包麵糰」模式（已經包含揉麵＋一次發酵 60 分鐘）。

   如果是用攪拌器，這量對大多攪拌器來說都算少，建議做兩倍的量會比較好打。

   方法一樣除了奶油之外其他麵糰材料投入，慢速 3 分鐘，轉中速 2 分鐘之後放入奶油，慢速 2 分鐘，快速 5 ～ 7 分鐘（每一台機器不同，但重點要打出薄膜），之後放到室溫 28 度地方發酵 60 分鐘。

2. 取出麵糰，分割成 2 等分，排氣滾圓，休息 15 分鐘。

3. 趁休息的時候，把內餡材料攪拌均勻就可以。

4. 取其中一個麵糰，擀成 25×30cm 的長方形 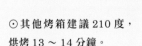，鋪上適量蔥花餡 ，捲起來 。

5. 放到烤盤上之後 ，用剪刀每隔 1cm 剪開，再將麵糰往上翻，順序為中間，左邊右邊  ⑥，一直重複到最後。

6. 於溫度 35 度左右室溫 ⑦，發酵 40 ～ 50 分鐘。

7. 發酵好之後噴水蓋上保鮮膜，直接入冷凍庫。

8. 隔天早上起來→從冷凍庫取出麵糰，塗上蛋液，用阿拉丁烤箱 200 度烘烤 11 ～ 12 分鐘（一次烤一個），麵包上色之後就好了。

Shania
Bakery
Notes

⊙其他烤箱建議 210 度，烘烤 13 ～ 14 分鐘。

⊙冷凍麵糰建議三天內要烤完喔！

黑芝麻
紅豆麵包

🪔 千石阿拉丁烤箱

| 溫度 | 200 度 |
| 時間 | 約 10 ~ 11 分鐘 |

— *Sengoku Aladdin* ✎

· 配件：兩用烤盤 / 圓形烤盤

市面一般烤箱

| 溫度 | 210 度 |
| 時間 | 約 13 ~ 14 分鐘 |

麵糰材料：

高筋麵粉	250g
鮮奶	77g
水	85g
砂糖	25g
酵母	2.5g
鹽巴	2.5g
奶油	20g

投料：

黑芝麻	20g

內餡：

蜜紅豆	適量

裝飾：

鮮奶	適量

1. 放入麵包機,啟動「麵包麵糰」模式,設定投料(已經包含揉麵+一次發酵60分鐘)。

   如果是用攪拌器,這量對大多攪拌器來說都算少,建議做兩倍的量會比較好打。

   方法一樣除了奶油之外其他麵糰材料投入,慢速3分鐘,轉中速2分鐘之後放入奶油,慢速2分鐘,中速5～7分鐘(每一台機器不同,但重點要打出薄膜),投入黑芝麻之後,慢速攪拌到材料全部均勻,之後放到室溫28度地方發酵60分鐘。

2. 分割成8等分,滾圓之後,休息醒15分鐘 ❶。

3. 手搓成水滴狀 ❷ ❸,之後用擀麵棍擀成25cm的長水滴 ❹。

4. 放入適量的蜜紅豆 ❺,捲起來 ❻。

5. 放在烤盤上 ❼,就可以蓋上保鮮膜,入冷凍庫 ❽。

6. 隔天早上起來→塗上鮮奶 ❾,用阿拉丁烤箱200度,烘烤約10～11分鐘,上色了就完成了!(一次烘烤4～5個)

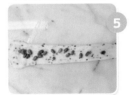

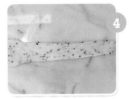

Shania Bakery Notes

⊙ 其他烤箱建議,預熱烤箱210度,烘烤約13～14分鐘,上色即完成。

⊙ 冷凍麵糰建議3天內烤完。

巧克力
波蘿棒

🪔 千石阿拉丁烤箱

| 溫度 | 220 度 |
| 時間 | 約 10 ～ 11 分鐘 |

— Sengoku Aladdin ✎

· 配件：兩用烤盤 / 圓形烤盤

市面一般烤箱

| 溫度 | 220 度 |
| 時間 | 約 13 ～ 14 分鐘 |

INGREDIENTS

麵糰材料：

高筋麵粉	250g
鮮奶	95g
水	70g
砂糖	25g
酵母	2.5g
鹽巴	3g
奶油	25g

菠蘿皮：

奶油	45g
糖粉	45g
雞蛋	24g
低筋麵粉	90g
可可粉	10g

裝飾：

| 珍珠糖 | 適量 |

菠蘿皮作法

1. 奶油打軟與糖粉用打蛋器打到均勻。

2. 加入雞蛋攪拌均勻。

3. 最後加入過篩的低筋麵粉與可可粉,壓成麵糰之後進冰箱冷藏30分鐘,要使用時再從冰箱取出。

麵包作法

1. 放入麵包機,啟動「麵包麵糰」模式(已經包含揉麵+一次發酵60分鐘)。

   如果是用攪拌器,這量對大多攪拌器來說都算少,建議做兩倍的量會比較好打。

   方法一樣除了奶油之外其他麵糰材料投入,慢速3分鐘,轉中速2分鐘之後放入奶油,慢速2分鐘,中速5~7分鐘(每一台機器不同,但重點要打出薄膜),之後放到室溫28度地方發酵60分鐘。

2. 滾圓之後,休息醒15分鐘 ❶。

3. 擀成 25×30cm 公分長方形 ❷。

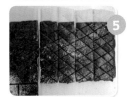

4. 菠蘿皮隔著保鮮膜 ❸,擀成 20×30cm 的長方形,蓋在麵糰中間 ❹。

5. 分割成數等分,大家可以自己決定,並在菠蘿皮上面畫出自己喜歡的紋路 ❺,放在烤盤上,就可以蓋上保鮮膜,入冷凍庫。

6. 隔天早上起來→在菠蘿皮上撒上珍珠糖,用阿拉丁烤箱220度,烘烤約 10 ~ 11 分鐘,上色了就完成了!

Shania Bakery Notes

⊙其他烤箱建議,預熱烤箱220度,烘烤約 13 ~ 14 分鐘,上色即完成。

⊙冷凍麵糰建議 5 天內烤完。

原味波蘿棒

千石阿拉丁烤箱

| 溫度 | 210 度 |
| 時間 | 約 10 ～ 11 分鐘 |

Sengoku Aladdin

· 配件：兩用烤盤 / 圓形烤盤

市面一般烤箱

| 溫度 | 220 度 |
| 時間 | 約 13 ～ 14 分鐘 |

INGREDIENTS

*適用 12 兩吐司模型

麵包麵糰：

高筋麵粉	250g
鮮奶	95g
水	70g
砂糖	25g
酵母	2.5g
鹽巴	3g
奶油	25g

原味菠蘿皮：

低筋麵粉	100g
糖粉	50g
雞蛋	24g
奶油	50g
奶粉	10g

裝飾：

| 蛋液 | 適量 |

菠蘿皮作法

1. 奶油打軟與糖粉用打蛋器打到均勻。

2. 加入雞蛋攪拌均勻。

3. 最後加入過篩的低筋麵粉與奶粉，壓成麵糰之後進冰箱冷藏 30 分鐘，要使用時再從冰箱取出。

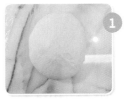

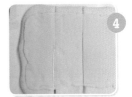

麵包作法

1. 放入麵包機，啟動「麵包麵糰」模式（已經包含揉麵＋一次發酵 60 分鐘）。

   如果是用攪拌器，這量對大多攪拌器來說都算少，建議做兩倍的量會比較好打。

   方法一樣除了奶油之外其他麵糰材料投入，慢速 3 分鐘，轉中速 2 分鐘之後放入奶油，慢速 2 分鐘，中速 5～7 分鐘（每一台機器不同，但重點要打出薄膜），之後放到室溫 28 度地方發酵 60 分鐘。

2. 滾圓之後，休息醒 15 分鐘 ❶。

3. 擀成 25×30cm 公分長方形 ❷。

4. 菠蘿皮隔著保鮮膜，擀成 20×30cm 的長方形，蓋在麵糰中間 ❸。

5. 分割成數等分 ❹ ❺，之後放在烤盤上，就可以蓋上保鮮膜，入冷凍庫。

6. 隔天早上起來→在菠蘿皮上塗上蛋液 ❻，用阿拉丁烤箱 210 度，烘烤約 10～11 分鐘，上色了就完成了！

Shania *Bakery* Notes

⊙其他烤箱建議，預熱烤箱 220 度，烘烤約 13～14 分鐘，上色即完成。

⊙冷凍麵糰建議 5 天內烤完。

櫛瓜起司
PIZZA

🏺 千石阿拉丁烤箱

| 溫度 | 230 度 |
| 時間 | 約 10 ～ 12 分鐘 |

━ Sengoku Aladdin ✎

· 配件：兩用烤盤 / 圓形烤盤

市面一般烤箱

| 溫度 | 250 度 |
| 時間 | 約 15 分鐘 |

● ● ▮ ▮

麵糰材料：

高筋麵粉	200g
冰水	120g
砂糖	10g
酵母	2g
鹽巴	3g
橄欖油	10g

餡料：

紅醬	適量（詳見 P. 130）
櫛瓜	適量
乳酪絲	適量

1. 放入麵包機，啟動「麵包麵糰」模式（已經包含揉麵＋一次發酵 60 分鐘）。

   如果是用攪拌器，這量對大多攪拌器來說都算少，建議做兩倍的量會比較好打。

   方法一樣所有麵糰材料投入，慢速 3 分鐘，轉為中速 5 ～ 7 分鐘，麵糰表面呈現光滑就可以。之後放到室溫 28 度地方發酵 60 分鐘。

2. 取出麵糰，分割成 2 等分 ，排氣滾圓，休息 15 分鐘。

3. 取其中一個麵糰擀成直徑約 20×25cm 的長方形 ，不需要二次發酵，噴水蓋上保鮮膜，直接入冷凍庫。

4. 隔天早上起來→取其中一個麵糰，塗上紅醬 ，放上櫛瓜與乳酪絲  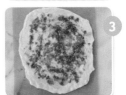，阿拉丁烤箱 230 度，烘烤約 10 ～ 12 分鐘，麵糰以及乳酪絲都上色了就完成了！（一次烤一個）

Shania *Bakery* Notes

⊙其他烤箱建議，預熱烤箱 250 度，烘烤約 15 分鐘，上色即完成。

⊙冷凍麵糰建議三天內要烤完喔！

德式
香腸麵包

🥘 千石阿拉丁烤箱

| 溫度 | 200 度 |
| 時間 | 約 10 ～ 12 分鐘 |

Sengoku Aladdin

· 配件：兩用烤盤 / 圓形烤盤

市面一般烤箱

| 溫度 | 210 度 |
| 時間 | 約 15 分鐘 |

INGREDIENTS

麵糰材料：

高筋麵粉	200g
鮮奶	66g
冰水	65g
砂糖	15g
酵母	2g
鹽巴	2g
奶油	20g

餡料：

德國香腸	6 根

裝飾：

鮮奶	適量
黑芝麻	適量

1. 放入麵包機，啟動「麵包麵糰」模式（已經包含揉麵＋一次發酵60分鐘）。

   如果是用攪拌器，這量對大多攪拌器來說都算少，建議做兩倍的量會比較好打。

   方法一樣除了奶油之外其他麵糰材料投入，慢速3分鐘，轉中速2分鐘之後放入奶油，慢速2分鐘，中速5～7分鐘（每一台機器不同，但重點要打出薄膜），之後放到室溫28度地方發酵60分鐘。

2. 取出麵糰，分割成6等分，排氣滾圓，休息15分鐘。

3. 取其中一個麵糰，擀成15×20cm長方形，捲起來後 ，搓成25cm的長條型 。

4. 放一個德國香腸在麵糰上，然後將香腸纏繞  。兩端的麵糰都要收在底部。

5. 放到烤盤上 ，二次發酵約50分鐘，噴水蓋上保鮮膜，直接入冷凍庫。

6. 隔天早上起來→塗上適量的鮮奶，放上適量黑芝麻。阿拉丁烤箱200度，烘烤約10～12分鐘，麵糰表面跟底部都上色了就完成了！（一次約烤3～4條）

Shania *Bakery* Notes

⊙其他烤箱建議，預熱烤箱210度，烘烤約15分鐘，上色即完成。

⊙冷凍麵糰建議三天內要烤完喔！

巧克力
雙色麵包

千石阿拉丁烤箱

| 溫度 | 190 度 |
| 時間 | 約 12 分鐘 |

— Sengoku Aladdin

· 配件：兩用烤盤 / 圓形烤盤

市面一般烤箱

| 溫度 | 210 度 |
| 時間 | 12 ~ 13 分鐘 |

INGREDIENTS

原味麵糰材料：

高筋麵粉	300g
鮮奶	88g
冰水	110g
砂糖	35g
酵母	3g
鹽巴	3g
奶油	35g

巧克力麵糰材料：

原味麵糰	1/2
無糖可可粉	15g
水	10g

裝飾：

鮮奶	適量

1. 原味麵糰作法

所有材料放入麵包機，啟動「揉麵」模式（揉麵約 15 分鐘）。

如果是用攪拌器，這量對大多攪拌器來說都算少，建議做兩倍的量會比較好打。

方法一樣除了奶油之外其他麵糰材料投入，慢速 3 分鐘，轉中速 2 分鐘之後放入奶油，慢速 2 分鐘，中速 5～7 分鐘（每一台機器不同，但重點要打出薄膜）。

2. 巧克力麵糰作法

原味麵糰打好之後，切一半放回麵包機（攪拌器），加入 15g 無糖可可粉 + 10g 水 打到顏色均勻即可。

3. 兩種糰做好後，放到室溫 28 度地方發酵 60 分鐘。

4. 取出雙色麵糰，各別分成 8 等分（總共 16 個麵糰），排氣滾圓，休息 10 分鐘。

5. 兩種顏色麵糰，各取一個，分別擀成約 12cm 橢圓形（被包起來的那個麵糰可以稍微短一點）❶。翻面兩個麵糰疊起來 ❷，再捲起來 ❸，收口黏緊 ❹，放到烤盤上，

6. 稍微按壓一下 ❺，用割線刀割出一條一條的紋路 ❻。要有耐心慢慢割喔（畫紋路時可以稍微快一點，出點力會更好割）！

7. 在烤盤上於溫度 35 度左右室溫，發酵 50～60 分鐘。

8. 發酵好之後噴水蓋上保鮮膜 ❼，直接入冷凍庫。

9. 隔天早上起來→麵包上塗上鮮奶，阿拉丁烤箱溫度設定 190 度，烘烤 12 分鐘，麵包上色之後就好了。（一次烤 4 個）

Shania
Bakery
Notes

⊙冷凍麵糰建議三天內要烤完喔！

⊙其他烤箱建議預熱 210 度，烘烤 12～13 分鐘。

蔓越莓
白巧克力卷

千石阿拉丁烤箱

| 溫度 | 200 度 |
| 時間 | 約 10 ～ 12 分鐘 |

— Sengoku Aladdin ✏

· 配件：兩用烤盤 / 圓形烤盤

市面一般烤箱

| 溫度 | 210 度 |
| 時間 | 約 12 ～ 13 分鐘 |

INGREDIENTS

麵糰材料：

高筋麵粉	200g
奶粉	12g
冰水	125g
砂糖	20g
酵母	2g
鹽巴	2g
奶油	20g

餡料：

| 白巧克力 | 適量 |
| 蔓越莓 | 適量 |

裝飾：

| 杏仁片 | 適量 |

＊胖鍋 6S 功能使用「麵包麵糰」，因為示範時是冬天，我選擇冬天模式。

1. 放入麵包機，啟動「麵包麵糰」模式。

   如果是用攪拌器，這量對大多攪拌器來說都算少，建議做兩倍的量
   會比較好打。

   方法一樣除了奶油之外其他麵糰材料投入，慢速 3 分鐘，轉中速 2
   分鐘之後放入奶油，慢速 2 分鐘，中速 5 ～ 7 分鐘。之後放到室溫
   約 28 度發酵 60 分鐘。

2. 第一次發酵之後，分割成 8 等分，休息 15 分鐘。

3. 取其中一個麵糰，搓成水滴狀 ①。

4. 用擀麵棍將麵糰擀成約 25cm 的長水滴狀 ②，放上白巧克力、蔓越
   莓 ③。

5. 將麵糰捲起來 ④，放到烤盤上 ⑤。

6. 於溫度約 35 度左右發酵 50 分鐘 ⑥，噴水蓋上保鮮膜，入冷凍庫。

7. 隔天早上起來→取其中 4 個麵糰，稍微退涼 5 分鐘，中間放入適量
   杏仁片 ⑦，阿拉丁烤箱 200 度，烘烤約 10 ～ 12 分鐘，如果上色太
   快，可以在 6 ～ 8 分鐘時候上方蓋上錫箔紙之後繼續烘烤。（一次
   烤 4 個）

Shania
Bakery
Notes

⊙ 其他烤箱建議，預熱烤箱 210
度，烘烤約 12 ～ 13 分鐘，上色
即完成。

⊙ 冷凍麵糰建議 3 天內烤完。

培根小軟法

INGREDIENTS

麵糰材料：

高筋麵粉	150g
法國麵粉	50g
水	120g
砂糖	10g
酵母	2g
鹽巴	2g
奶油	10g

餡料：

培根	適量
黑胡椒	適量

🛢 千石阿拉丁烤箱

溫度	210 度
時間	約 10 ～ 11 分鐘

— Senyoku Aladdin 🖊

· 配件：兩用烤盤 / 圓形烤盤

市面一般烤箱

溫度	220 度
時間	約 12 ～ 13 分鐘

1. 放入麵包機，啟動「麵包麵糰」模式（已經包含揉麵＋一次發酵 60 分鐘）。

   如果是用攪拌器，這量對大多攪拌器來說都算少，建議做兩倍的量會比較好打。

   方法一樣，除了奶油之外，將所有麵糰材料投入，慢速 3 分鐘，轉為中速 2 分鐘，投入奶油，慢速 2 分鐘，中速 5 ～ 7 分鐘（每一台機械不同，重點是要打出薄膜）打好後放到室溫 28 度地方發酵 60 分鐘。

2. 取出麵糰，分割成 8 等分 ，排氣滾圓，休息 15 分鐘。

3. 擀成橢圓形 ，包入半條培根 ，撒上適量黑胡椒，捲起來 ，收口捏緊 。

4. 放到烤盤上 ，於室溫 35 度發酵 50 分鐘。

5. 麵包上，噴點水，灑點麵粉，畫出兩條紋路，露出培根 。之後蓋上保鮮膜，入冷凍庫。

6. 隔天早上起來→阿拉丁烤箱 210 度，一次烘烤四個麵包，烘烤約 10 ～ 11 分鐘，上色即完成。

Shania *Bakery* Notes

⊙其他烤箱建議使用 220 度，烘烤 12 ～ 13 分鐘。

⊙冷凍麵糰建議三天內要烤完喔！

巧克力
小軟法

 千石阿拉丁烤箱

| 溫度 | 210 度 |
| 時間 | 約 10 ～ 11 分鐘 |
— Sengoku Aladdin —

· 配件：兩用烤盤 / 圓形烤盤

市面一般烤箱

| 溫度 | 220 度 |
| 時間 | 約 13 ～ 14 分鐘 |

麵糰材料：

法國粉	185g
可可粉	15g
冰水	80g
鮮奶	55g
砂糖	15g
酵母	2g
鹽巴	2g
奶油	15g

餡料：

巧克力豆	適量

裝飾：

高筋麵粉	適量

1. 放入麵包機，啟動「麵包麵糰」模式（已經包含揉麵＋一次發酵 60 分鐘）。

   如果是用攪拌器，這量對大多攪拌器來說都算少，建議做兩倍的量會比較好打。

   方法一樣除了奶油之外其他麵糰材料投入，慢速 3 分鐘，轉中速 2 分鐘之後放入奶油，慢速 2 分鐘，中速 5 ～ 7 分鐘（每一台機器不同，但重點要打出薄膜）之後放到室溫 28 度地方發酵 60 分鐘。

2. 取出麵糰，分割成 8 等分 ，排氣滾圓，休息 15 分鐘。

3. 取其中一個麵糰擀成直徑約 10×15cm 的長方形 ，放上適量巧可力豆 ，捲起來，收口捏緊 。

4. 放到烤盤上 ，於室溫約 35 度，發酵 50 分鐘。

5. 撒上適量高筋麵粉 ，畫出兩道紋路 ，蓋上保鮮膜，放入冷凍庫。

6. 隔天早上起來→阿拉丁烤箱 210 度，烘烤約 10 ～ 11 分鐘（一次烤 4 個），上色了就完成了！

Shania Bakery Notes

⊙其他烤箱建議，預熱烤箱 220 度，烘烤約 13 ～ 14 分鐘，上色即完成。

⊙冷凍麵糰建議三天內要烤完喔！

鮮奶長餐包

🔺 千石阿拉丁烤箱

| 溫度 | 190 度
| 時間 | 約 11 ～ 13 分鐘

── Sengoku Aladdin ✎

· 配件：兩用烤盤／圓形烤盤

市面一般烤箱

| 溫度 | 200 度
| 時間 | 約 13 ～ 15 分鐘

INGREDIENTS

麵糰材料：

高筋麵粉	300g
鮮奶	154g
冰水	50g
砂糖	30g
酵母粉	3g
鹽巴	3g
奶油	25g

裝飾：

| 鮮奶 | 適量 |

1. 所有材料放入麵包機，啟動「麵包麵糰」模式（已經包含揉麵＋一次發酵 60 分鐘）。

   如果是用攪拌器，這量對大多攪拌器來說都算少，建議做兩倍的量會比較好打。

   方法一樣除了奶油之外其他麵糰材料投入，慢速 3 分鐘，轉中速 2 分鐘之後放入奶油，慢速 2 分鐘，中速 5 ～ 7 分鐘（每一台機器不同，但重點要打出薄膜）之後放到室溫 28 度地方發酵 60 分鐘。

2. 取出麵糰，分成四等分，排氣滾圓，休息 10 分鐘。

3. 將麵糰擀成約 25cm 橢圓形 ❶。翻面捲起來 ❷，收口黏緊，放到烤盤上。

4. 用割線刀 割出一條一條的紋路。要有耐心慢慢割喔 ❸！

5. 在烤盤上於溫度 35 度左右室溫 發酵 50 ～ 60 分鐘 ❹。

6. 發酵好之後噴水蓋上保鮮膜 直接入冷凍庫。

7. 隔天早上起來→在表面塗上鮮奶，阿拉丁烤箱 190 度，一次兩條烤 11 ～ 13 分鐘。

Shania Bakery Notes

⊙其他烤箱預熱 200 度，預熱完成，麵包上塗上鮮奶，烘烤 13 ～ 15 分鐘 麵包上色之後就好了

⊙冷凍麵糰建議三天內要烤完喔！

方形小餐包

千石阿拉丁烤箱

| 溫度 | 200 度 |
| 時間 | 約 10 ～ 11 分鐘 |

— Sengoku Aladdin

· 配件：兩用烤盤／圓形烤盤

市面一般烤箱

| 溫度 | 210 度 |
| 時間 | 約 12 ～ 13 分鐘 |

INGREDIENTS

麵糰材料：

高筋麵粉	200g
鮮奶	77g
水	55g
砂糖	15g
酵母	2g
鹽巴	2g
奶油	10g

1. 放入麵包機，啟動「麵包麵糰」模式（已經包含揉麵＋一次發酵 60 分鐘）。

   如果是用攪拌器，這量對大多攪拌器來說都算少，建議做兩倍的量會比較好打。

   方法一樣所有麵糰材料投入，慢速 3 分鐘，轉為中速 5～7 分鐘，麵糰表面呈現光滑就可以。之後放到室溫 28 度地方發酵 60 分鐘。

2. 取出麵糰，排氣滾圓，休息 15 分鐘。

3. 擀成 25×30cm 長方形 ，對摺 ③，切割成 8 等分 ④。

4. 放到烤盤上 ⑤，於室溫 35 度發酵 40 分鐘。

5. 之後蓋上保鮮膜 ⑥，入冷凍庫。

6. 隔天早上起來→阿拉丁烤箱 200 度，一次烘烤四個麵包，烘烤約 10～11 分鐘，上色即完成。

Shania Bakery Notes

⊙其他烤箱建議，預熱烤箱 220 度，烘烤約 13～14 分鐘，上色即完成。

⊙冷凍麵糰建議三天內要烤完喔！

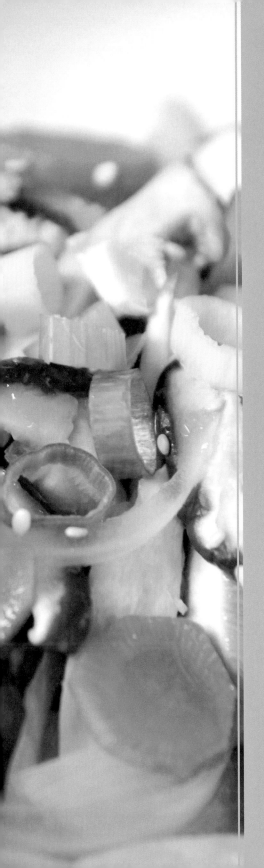

Sengoku Aladdin

Bakery
PART 4

早餐快速料理

蜜汁叉燒肉

INGREDIENTS

梅花肉	半斤（約1.5cm厚度）
蜜汁烤肉醬	適量
鹽麴	1大匙
紅麴粉	少許

千石阿拉丁烤箱

溫度	200 度
時間	約 12 ~ 13 分鐘

— Sengoku Aladdin —

· 配件：兩用烤盤 / 圓形烤盤

市面一般烤箱

溫度	200 度
時間	約 15 ~ 16 分鐘

1. 烤肉醬、鹽麴、紅麴粉攪拌均勻，跟肉一起放入保鮮盒 ，並確保肉都有醃漬到 ❷。

2. 入冰箱冷藏至少 1 小時，建議隔天效果會更好。

3. 烤盤鋪上錫箔紙，將肉片放到網架上面 ❸。

4. 200 度烘烤 10 分鐘，翻面繼續烤 2～3 分鐘即完成 ❹！

5. 出爐之後，可以將滴下的肉汁，塗在叉燒肉上！

⊙可以搭配方形小餐包一起吃，真的很好吃！

⊙紅麴粉是為了調色，可以省略。

⊙鹽麴可以軟化肉質，可以在超市買得到！

鹽麴雞腿肉

千石阿拉丁烤箱

| 溫度 | 220 度
| 時間 | 約 12 ～ 13 分鐘

Sengoku Aladdin

· 配件：兩用烤盤 / 圓形烤盤

市面一般烤箱

| 溫度 | 230 度
| 時間 | 18 ～ 20 分鐘

INGREDIENTS

去骨雞腿	420g
鹽麴	1 大匙
醬油	1 小匙
黑胡椒	適量

1. 將所有調味料與雞腿確實攪拌均勻 ①，讓肉的每一面都有接觸到醃料，入冰箱冷藏至少 30 分鐘。

2. 烤盤底部鋪上錫箔紙，將雞腿放在網架上 ②，上方也蓋上烤盤。

3. 220 度烘烤約 10 分鐘，開蓋再烤 2～3 分鐘，雞腿排上色之後，即可完成！

蒸菇菇

INGREDIENTS

生香菇	2 朵切片
杏鮑菇	2 朵切條狀
洋蔥	1/4 顆切絲
紅蘿蔔	1/4 條 切片
橄欖油	適量
鹽巴	適量
蔥花	少許

🏮 千石阿拉丁烤箱

| 溫度 | 210 度 |
| 時間 | 約 11 ～ 12 分鐘 |

— Sengoku Aladdin ✎

· 配件：兩用烤盤 / 圓形烤盤

市面一般烤箱

| 溫度 | 220 度 |
| 時間 | 15 ～ 16 分鐘 |

1. 烤盤上先鋪一層錫箔紙，這樣比較好清洗。

2. 生香菇、杏鮑菇、洋蔥與紅蘿蔔片一起放到烤盤上 ，淋上適量橄欖油，蓋上烤盤蓋 ②。

3. 210 度烘烤 11 ～ 12 分鐘，蔬菜與菇類熟了之後會稍微出水，如果菇類還沒熟，可以再度延長 2 ～ 3 分鐘。

4. 完成後，可以再淋一點橄欖油與鹽巴調味，就可以上桌了！

Shania
Bakery
Notes

⊙ 所有材料可以前一天都準備好，隔天早晨就可以輕鬆吃到清爽好吃的蒸菇菇！

⊙ 有了上蓋烤盤，這樣在烘烤的時候，蔬菜的水分得以保留在裡面，宛如蒸的效果喔！

⊙ 紅蘿蔔盡量切薄片，才會快熟喔！

快速烤蔬菜

INGREDIENTS

櫛瓜 一條
紅椒 半個

油醋醬料：

橄欖油 20g
紅酒醋 6g
蜂蜜 3g
鹽巴 少許

千石阿拉丁烤箱

| 溫度 | 210 度
| 時間 | 約 12 ～ 13 分鐘

Sengoku Aladdin

· 配件：兩用烤盤 / 圓形烤盤

市面一般烤箱

| 溫度 | 230 度
| 時間 | 15 ～ 16 分鐘

1. 將櫛瓜切片，每片厚度盡量一致，愈薄愈快熟。

2. 紅椒切成條狀，放到烤盤上 ❶。

3. 230 度烘烤 10 分鐘，烤盤換方向再烤 2 ～ 3 分鐘！

4. 簡易義式油醋：將油醋醬料的食材全部放入皿中混合均勻即可！

5. 出爐之後，淋上適量油醋醬就可以吃了！

可將蔬菜夾入麵包一起吃，很美味喔！

烤奶油蒜香
蘑菇

🍳 千石阿拉丁烤箱

| 溫度 | 220 度
| 時間 | 約 15 ～ 18 分鐘

— Sengoku Aladdin ✏

· 配件：兩用烤盤／圓形烤盤

市面一般烤箱

| 溫度 | 230 度
| 時間 | 18 ～ 20 分鐘

INGREDIENTS

蘑菇	10 朵
奶油	5g
橄欖油	5g
蒜末	2 瓣
鹽巴	適量
乾辣椒	適量

HOW TO DO

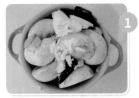

1. 將蘑菇對切,放入烤盅,之後放入其他所有材料 **1**。

2. 蓋上錫箔紙 **2**,將烤盅放在烤盤上,220度烘烤15～18分鐘,蘑菇出水了就完成。

Shania Bakery Notes

如果早餐想要更快速完成,可以將蘑菇切片,這樣會更快熟透!

醬香烤肉串

INGREDIENTS

梅花豬肉片	適量
小番茄	適量
玉米筍	適量
白芝麻	適量

烤肉醬醬料：

醬油	50g
薑片	一片
蔥	1/4 根
砂糖	5g

🍳 千石阿拉丁烤箱

溫度	220 度
時間	約 9 ～ 10 分鐘

— *Sengoku Aladdin* ✎

· 配件：兩用烤盤 / 圓形烤盤

市面一般烤箱

溫度	230 度
時間	10 ～ 12 分鐘

1. 用肉片將玉米筍包起來 ，再用牙籤固定 。

2. 將肉片裁剪成比較長方形，以配合番茄大小，捲起來之後 ，用竹籤固定 。

3. 將捲好的肉串，放到已經鋪好錫箔紙的烤盤上 。

4. 簡易自製烤肉醬：

   將烤肉醬醬料的材料放到小鍋，一起煮到香氣出來 ，醬料濃縮到約剩下原本的一半 ，稍微濃稠即可。

5. 220 度烘烤 6 分鐘，肉稍微上色之後，將烤盤取出，塗上烤肉醬 。再度入烤箱烤 3～4 分鐘。

6. 出爐之後，可以再上一層烤肉醬，撒上白芝麻，就可以上桌了！

Shania *Bakery* Notes

⊙這道菜很適合在減醣的朋友們，吃起來也很有飽足感喔！

⊙可以前一天將肉片捲好，放入冰箱冷藏，隔一天可以直接烘烤

⊙一定要墊上錫鉑紙，不然烤盤清洗上會比較麻煩喔！

Bakery

PART 5

甜而不膩
小點心

布丁

鮮奶	270g
雞蛋	100g （約 2 顆蛋）
砂糖	50g
香草精	1g

（或是香草豆莢 1/4 根）

自製焦糖材料：（會有剩）

砂糖	80g
熱水	30g

🔖 千石阿拉丁烤箱

| 溫度 | 170 度 |
| 時間 | 約 15 ～ 20 分鐘 |

— Sengoku Aladdin

· 配件：兩用烤盤 / 圓形烤盤

市面一般烤箱

| 溫度 | 180 度 |
| 時間 | 約 20 ～ 25 分鐘 |

自製焦糖

1. 將砂糖放入鍋子裡面加熱 ❶，當砂糖開始變成液態可以流動的時候，請將鍋子左右搖晃，以免熱太過於集中。

2. 漸漸的砂糖會變成全部液態，慢慢的開始會沸騰 ❷。

3. 就在剛開始沸騰的時候，請準備好沸騰的熱水 ❸，等到糖全部沸騰，快速倒入熱水。馬上關火，並且快速攪拌均勻。

4. 把焦糖液趁熱倒入布丁杯子，每個杯子 3g 的焦糖液，之後將杯子放入冷藏或冷凍 ❹ 讓焦糖凝固。

製作布丁

5. 牛奶加熱到微溫，約 40 度左右。

6. 雞蛋打散之後加入砂糖，攪拌均勻（盡量將砂糖攪拌到融化）。之後加入香草精，攪拌均勻。

7. 將牛奶倒入，再度攪拌均勻，布丁液就完成了！

8. 將布丁液過篩兩次，可以去除不容易攪拌均勻的蛋清。

9. 將布丁液倒入烤盅 ❺。

10. 把烤盅放入烤盤，並倒入約 1cm 深的熱水 ❻，用錫箔紙把布丁蓋起來 ❼，以防布丁表層結皮。

11. 170 度約 15 ～ 20 分鐘，拿起烤盅稍微左右搖晃 ❽，確定布丁液凝固了，就完成了！

Shania Bakery Notes

⊙ 烘烤時間長短，要看布丁烤盅大小而定，裝載布丁液愈多，所需要的烘烤時間愈長。

⊙ 若用其他烤箱溫，建議溫度 180 度，烘烤約 20 ～ 25 分鐘。

水果蛋糕卷

| 溫度 | 170 度 |
| 時間 | 約 11 分鐘 |

Sengoku Aladdin

· 配件：兩用烤盤 / 圓形烤盤

市面一般烤箱

| 溫度 | 180 度 |
| 時間 | 約 12 ～ 14 分鐘 |

INGREDIENTS ＊適用 20×20cm 的烤模

A 蛋黃鍋：

蛋黃	2 顆
砂糖	10g
油	20g
水	25g
低筋麵粉	40g

B 蛋白鍋：

| 蛋白 | 2 顆 |
| 砂糖 | 25g |

C 鮮奶油：

| 動物性鮮奶油 | 80g |
| 砂糖 | 8g |

1. 完成蛋黃鍋：蛋黃與砂糖攪拌均勻 ①， 之後加入水攪拌均勻之後再加入油，再度攪拌均勻之後，加入過篩的低筋麵粉 ②，攪拌均勻就可以 ③。

2. 將蛋白鍋的食材用攪拌器攪拌蛋白，分 2 ～ 3 次將砂糖加入蛋白裡面，打發至堅挺狀態 ④。

3. 取三分之一的蛋白霜加入 ⑤蛋黃鍋，簡單攪拌之後，加入剩下的蛋白霜，並且小心的攪拌均勻，請勿過度攪拌，會容易會消泡 ⑥。

4. 倒入烤模裡，先用攪拌棒將麵糊的四個角落都填滿，在用刮版將麵糊鋪平 ⑦，不然烤好的蛋糕卷會厚薄不一喔。進烤箱之前，將烤盤往桌子用力撞一、兩下，把空氣震出來！

5. 放入烤箱，烤箱 170 度左右 11 分鐘完成！

6. 烤好之後將蛋糕放在網架上面，四角的烘焙紙先撕下來，稍微放涼，就小心的把烘焙紙與蛋糕分開，在蛋糕要捲的起點那一端可以畫 2 ～ 3 刀，不要切太深，只是方便捲得更順。

7. 材料 C 的鮮奶油打發，塗抹在顏色比較深的那一面 ⑧，放上香蕉 ⑨，之後將蛋糕捲起 ⑩，捲好之後稍微用烘焙紙固定一下 ⑪ ⑫，放入冰箱冷藏至少 30 分鐘，等到形狀固定了，再切來吃。

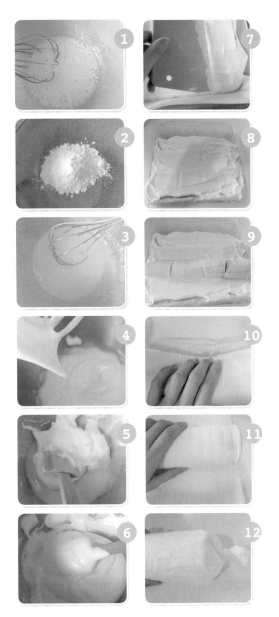

Shania
Bakery
Notes
其他烤箱一定要預熱，建議用 180 度，烘烤 12 ～ 14 分鐘，就可以（因為蛋糕很薄，不需要烤太久）。

蜂蜜馬德蓮

雞蛋	一顆
砂糖	30g
蜂蜜	10g
檸檬汁	5g
檸檬皮	適量
泡打粉	2g
低筋麵粉	50g
融化奶油（無鹽奶油）	55g

千石阿拉丁烤箱

| 溫度 | 170 度 |
| 時間 | 約 10 ~ 11 分鐘 |

— Sengoku Aladdin —

· 配件：兩用烤盤 / 圓形烤盤

市面一般烤箱

| 溫度 | 180 度 |
| 時間 | 13 ~ 14 分鐘 |

1. 雞蛋打散，加入砂糖、蜂蜜攪拌均勻。

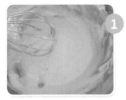

2. 加入過篩的低筋麵粉、泡打粉，攪拌均勻，放入檸檬汁，檸檬皮再度攪拌均勻 。

3. 加入融化奶油 ，攪拌均勻之後，蓋上保鮮膜，放入冰箱靜置 30 分鐘。

4. 將麵糊攪拌一兩下之後，倒入擠花袋 ，這樣更方便準確的擠入烤模，裝約七分滿 。

5. 如果烤模容易沾黏，可以先噴上一點薄薄的烤盤油。

6. 阿拉丁烤箱不需要預熱，設定 170 度烤 10 ～ 11 分鐘就完成了 ⑤。

荷蘭鬆餅

INGREDIENTS

＊適用直徑約 16cm 的鐵鍋

低筋麵粉	80g
鮮奶	120g
雞蛋	一顆
砂糖	30g
鹽巴	少許
融化奶油（無鹽奶油）	8g
糖粉	適量

千石阿拉丁烤箱

| 溫度 | 180 度 |
| 時間 | 約 10～12 分鐘 |

— *Sengoku Aladdin* ✎

・配件：兩用烤盤 / 圓形烤盤

市面一般烤箱

| 溫度 | 200 度 |
| 時間 | 約 12～13 分鐘 |

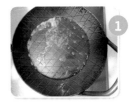

1. 將奶油放到鐵盤上，放入烤箱，180 度將奶油融化 **1** 。

2. 雞蛋打散，加入鮮奶，砂糖與鹽巴攪拌均勻。

3. 加入過篩的麵粉，攪拌均勻。

4. 如果發現麵糊有結塊，要將麵糊過篩，直到沒看到粉粒為止。

5. 鐵盤上融化奶油，要均勻地抹在鐵盤表面。

6. 倒入麵糊（約鍋子一半的高度） **2** ，阿拉丁烤箱 180 度 **3** ，
   烘烤約 10 ～ 12 分鐘即完成。

7. 灑上糖粉，視覺上更美味。

Shania
Bakery
Notes

⊙搭配果醬或巧克力醬一起吃，風
味更棒。

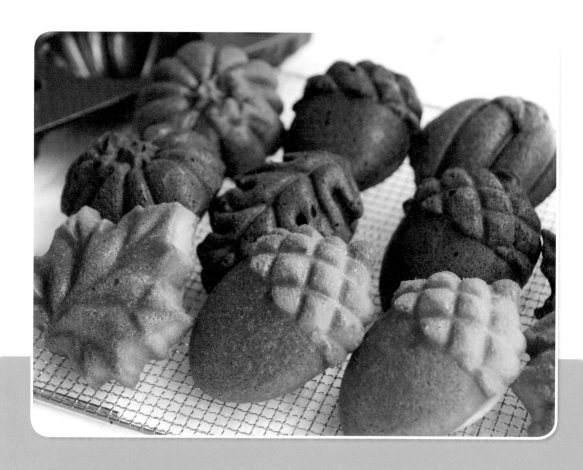

巧克力磅
蛋糕

🍳 千石阿拉丁烤箱

| 溫度 | 160 度
| 時間 | 約 20 分鐘

— Sengoku Aladdin ✏

· 配件：兩用烤盤 / 圓形烤盤

市面一般烤箱

| 溫度 | 170 度
| 時間 | 20 ～ 23 分鐘

INGREDIENTS

奶油	85g
糖粉	85g
雞蛋	100g
低筋麵粉	85g
可可粉	15g
泡打粉	3g
鮮奶	15g

1. 奶油軟化打成羽毛狀 ，加入過篩的糖粉，打到完全均勻。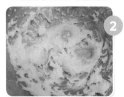。

2. 雞蛋放在室溫退涼之後，打散，分次放入步驟 1 ，每次攪拌完全均勻之後才再加蛋。

3. 倒入過篩的低筋麵粉＋可可粉＋泡打粉攪拌均勻 。

4. 最後倒入鮮奶，再度攪拌均勻。

5. 倒入模型內約 5 分滿 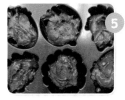。

6. 阿拉丁烤箱設定 160 度烘烤 20 分鐘即可。

Shania Bakery Notes

⊙如果要做原味磅蛋糕，只需要將低筋麵粉取代可可粉就可以。

⊙示範烤模：86148 Autumn Treats Non-Stick Cake Pan 橡子楓葉烤盤。

也可以使用任何放得下烤箱的烤盤喔！

Bakery

PART 6

餡料與其他

義大利紅醬

INGREDIENTS

熟一點的牛番茄	4 顆
洋蔥丁	1/4 顆
西洋芹	1/4 根（切小塊）
蒜末	2 瓣
橄欖油	適量
鹽巴	適量

1. 鍋子加熱，倒入適量橄欖油，將洋蔥丁與西洋芹，蒜末炒出香氣以及甜味 ，一定要炒到軟。

2. 番茄切丁，用食物處理器打成泥，倒入鍋子裡面 ，將醬汁炒到收汁 ，最後用鹽巴調味。

3. 倒入玻璃瓶子 ，冷卻之後入冰箱保存。

Shania
Bakery
Notes
建議一週內吃完。

義大利肉醬

橄欖油	適量
牛絞肉	350g（豬絞肉也可以）
番茄	2 顆（切塊，其中半顆打成泥）
蒜頭	3 瓣（切片）
洋蔥	1/4 顆（切小塊）
紅蘿蔔	1/4 個（切丁）
西洋芹	1/2 根（切小塊）
鹽巴	適量
中筋麵粉	適量

1. 鍋子熱了之後，放入適量的橄欖油，慢慢將洋蔥炒軟 ，炒出甜味。

2. 再放入紅蘿蔔 ，西洋芹還有蒜頭，再度慢炒出甜味。

3. 放入番茄泥 ，炒出香氣，倒入所有的絞肉。

4. 如果水不夠，適當的補充，大約煮 10 分鐘，鹽巴調味。

5. 因為要做成麵包內餡，所以需要將多餘的肉汁收乾，一邊加熱一邊撒適量的麵粉，讓肉醬變得更黏稠，方便包入麵糰內即完成 。

懶人白醬

INGREDIENTS

起司濃湯包	一包
洋蔥丁	1/8 顆
培根碎	一片 ❶
橄欖油	適量

1. 鍋子加熱，倒入適量橄欖油，將洋蔥炒到半透明，下培根炒熟 。

2. 加入 200g 的水 ，煮滾之後，倒入起司濃湯包 。

3. 煮到濃稠就可以完成  。

Shania
Bakery
Notes

⊙濃湯包本身已經有鹹味，不需要另外調味。

⊙大概可作為 3 ～ 4 片吐司的餡料。

香濃奶酥片

無鹽奶油	30g
糖粉	26g
鹽巴	少許
蛋汁	8g
奶粉	35g

1. 奶油打軟與糖粉一起攪拌均勻，加入鹽巴繼續攪拌均勻。

2. 加入蛋汁攪拌均勻 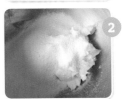。

3. 最後加入奶粉攪拌均勻 ，成糰就可以 。

4. 隔著保鮮膜，將奶酥擀平成約四片吐司大小的正方形 ④（約 22×22cm）。

5. 切割成四等分 ⑤，疊起來放進塑膠袋，就可以入冷凍庫，要用 的時候再取出。約 10 ～ 12 分鐘即完成。

⊙大概 4 片吐司的量。

⊙冷凍可以放一個月。

藍莓果醬
& 藍莓乳酪

INGREDIENTS

藍莓果醬：

藍莓	400g
砂糖	200g
檸檬汁	半顆

藍莓奶油乳酪：

奶油乳酪	100g
藍莓果醬	50g
砂糖	15g

藍莓果醬

1. 取一部分藍莓（約80g）打成泥，倒入麵包機。

2. 其他藍莓洗乾淨與砂糖一起放入麵包機，靜置一小時。

3. 加入檸檬汁，啟動「果醬模式」，2小時候就完成囉！

4. 放入密封罐之後，入冰箱冷藏。

藍莓奶油乳酪

5. 奶油乳酪放到室溫軟化。

6. 拌入藍莓果醬、砂糖攪拌均勻即可！

菠蘿皮

原味菠蘿皮：

低筋麵粉	100g
奶粉	10g
糖粉	50g
雞蛋	24g
奶油	50g

抹茶菠蘿皮：

低筋麵粉	95g
抹茶粉	5g
雞蛋	22g
糖粉	45g
奶油	50g

巧克力菠蘿皮：

低筋麵粉	90g
可可粉	10g
雞蛋	26g
糖粉	40g
奶油	50g

1. 奶油打軟與糖粉用打蛋器打到均勻 。

2. 加入雞蛋攪拌均勻 ②。

3. 最後加入過篩的低筋麵粉以及奶粉（或可可粉、或抹茶粉）拌勻 ③ ④，壓成麵糰之後進冰箱冷藏 30 分鐘。

4. 將麵糰分成兩等分，先取其中一等分，隔著保鮮膜擀成 21×21cm 的正方形 ⑤。

5. 先用刮板分割成四等分，再對摺 ⑥，再用剪刀剪開，一片片疊著入冷凍庫 ⑦。

Shania Bakery Notes

原則上冷凍可以保存一個月，所以可以多做一些存放。

辣媽 Shania 家庭小烤箱簡易烘焙

阿拉丁0.2秒瞬熱烤箱

{辣媽快速早餐＋烘焙}

Bakery

30 款麵包
9 種外酥內軟的美味烤吐司
6 道快速早餐料理

作　　者／辣媽 Shania（郭雅芸）
美術設計／季曉彤・方艾偉
校　　對／黃芷琳
編輯企畫／辣媽 Shania（郭雅芸）
企畫選書人／賈俊國

總　編　輯／賈俊國
副總編輯／蘇士尹
編　　輯／高懿萩
行銷企畫／張莉榮・蕭羽猜

發　行　人／何飛鵬
法律顧問／元禾法律事務所王子文律師
出　　版／布克文化出版事業部
　　　　　台北市中山區民生東路二段 141 號 8 樓
　　　　　電話：(02)2500-7008　傳真：(02)2502-7676
　　　　　Email：sbooker.service@cite.com.tw
發　　行／英屬蓋曼群島商家庭傳媒股份有限公司城邦分公司
　　　　　台北市中山區民生東路二段 141 號 2 樓
　　　　　書虫客服服務專線：(02)2500-7718；2500-7719
　　　　　24 小時傳真專線：(02)2500-1990；2500-1991
　　　　　劃撥帳號：19863813；戶名：書虫股份有限公司
　　　　　讀者服務信箱：service@readingclub.com.tw
香港發行所／城邦（香港）出版集團有限公司
　　　　　香港灣仔駱克道 193 號東超商業中心 1 樓
　　　　　電話：+852-2508-6231　傳真：+852-2578-9337
　　　　　Email：hkcite@biznetvigator.com
馬新發行所／城邦（馬新）出版集團 Cit　(M) Sdn. Bhd.
　　　　　41, Jalan Radin Anum, Bandar Baru Sri Petaling,
　　　　　57000 Kuala Lumpur, Malaysia
　　　　　電話：+603- 9057-8822　傳真：+603- 9057-6622
　　　　　Email：cite@cite.com.my
印　　刷／韋懋彩色製版印刷有限公司
初　　版／2019 年 02 月
　　　　　2021 年 11 月初版 6.5 刷
售　　價／380 元

城邦讀書花園　布克文化
www.cite.com.tw